U0118656

圖解建築的
數學·物理教室

原口秀昭著

前言

什麼是牛頓？什麼是焦耳？重量和質量不一樣嗎？kgf 和 kg 差在哪裡？什麼是 log？什麼時候會用到向量？微積分是要做什麼用的？為什麼弧度或立體角是必要的？

每當我待在學校研究室時，常有很多學生來問這種基礎問題。雖然我不是教結構力學或環境工程的老師，但許多理科學生的數學、物理、化學等基礎學科能力太差，讓我感到很困擾。每次有人來問問題，都會花時間仔細說明，如此老是被問到相同的問題，也讓我不禁開始思考，到底該如何是好。

我想到的解決方法，就是每天在部落格中，寫一些基本原理，讓學生都可以上網去看。這麼一來，就不用重複說明什麼是牛頓、焦耳了。
（部落格網址：http://plaza.rakuten.co.jp/haraguti/）

不過這樣還是有問題。因為只有文章的部落格既無趣又難以了解，學生根本沒有意願去看。為了解決這個問題，我加上了漫畫，讓學生能一目瞭然。一開始只是塗鴉，但越畫就越有水準了。我曾經在教漫畫這類的專科學校上過幾年課，可以畫出一定程度的漫畫，所以就把它應用到部落格中，協助學生了解內容。

彰國社的中神和彥先生看到我為學生所寫的部落格，問我有沒有意願出書，因此造就了本書出版的契機。因為聽說不只是我任教的大學，其他大學工學部建築學系，甚至是專科學校，也有很多不擅長數學或物理的學生。想從事設計，卻對理科知識沒有信心，這樣的人也出乎意料地多。

順道一提，我認識的建築師當中，也有人不知道牛頓的意義，這真是讓我大吃一驚。隨著單位轉換到國際單位制（SI），水泥強度的標記也從 kg/cm² 變成 N/mm²，所以如果不了解 N（牛頓），就是在不了解強度的狀況下蓋房子。因此對實務者來說，這應該也是有幫助的一本書。

本書是依照學習建築與考試的順序來編排的。由牛頓、焦耳等開始學習。很多人學習時，都卡在這些知識而無法更進一步。想要了解牛頓，就必須了解什麼是運動方程式，也必須理解質量、重量的差異。而圖形、微積分的知識，一般來說是通用知識，相對來說也和實踐有段距離。因此我將這類一般通論的數學，放在後面來談。對於由一般通論開始的大學課程感到厭煩的讀者，或是有印象曾在高中學過、卻忘得差不多的讀者，相信本書內容一定會對你們有所幫助。

只要從頭開始閱讀本書，就可以充實數學與物理的基礎，還有些許化學知識，對學習建築與準備考試也都有幫助。其中對建築領域而言特別重要的事項，更是不厭其煩地再三重複。

只要花大約 3 分鐘的時間，就可以讀完各個項目，並記憶其中的內容。剛好是拳擊比賽一個回合（1R）的時間（本文中標記為 R1 等）。這是為了不讓學生感到厭煩，可以持續閱讀而設計的。大腦和身體一樣，最能集中注意力的時間就是 3 分鐘。只要依照 1 回合 3 分鐘的步調閱讀本書，應該很快就可以學會數學、物理的基礎了。那麼就從第一回合開始吧！

謹在此特別感謝編輯本部中神先生，建議我將部落格內容集結成書，並協助編輯成冊，還有其助手尾關惠先生，以及提出許多問題、為我做些影印等雜事的學生們。

2006 年 11 月
原口秀昭

目　錄　　　　　　　　　　CONTENTS

圖解建築的數學・物理教室

從零開始打穩
一定要知道的原理地基

Q 何謂運動方程式？

A 力＝質量 × 加速度（F = ma）

🗃 要理解牛頓、kgf（公斤 f）、焦耳等單位，由運動方程式著手應該是最好的方法。運動方程式顯示力、質量與加速度的關係，公式如下：

　　　力＝質量 × 加速度

以 F（Force）代表力，m（mass）代表質量，a（acceleration）代表加速度，即可改寫公式如下：

　　　F = ma

力就是質量乘上加速度的結果。這是高中物理教的公式，忘記或不知道的人請把它記起來吧。

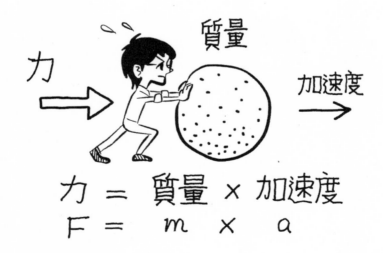

Q 何謂質量？

A 表示難以推動、難以加速的量。

 根據運動方程式，力就是質量 × 加速度的結果。質量越大，就需要用越大的力，才能得到相同的加速度。所以想要讓 1kg 和 2kg 的物體有相同的加速度，2kg 物體就需要用 2 倍的力。

換言之，我們可以說「質量就代表難以推動的量」。

1

運動方程式

Q 3kg 的物體在月球上的質量和重量是多少？

A 質量不變，但重量變輕。

 不論在地球或月球上，3kg 的物體其質量都是 3kg。即使重力不同，質量仍不變。另一方面，重量則會因是在地球或月球上而不同。因為月球的重力大約只有地球的 1/6。

一般來說質量 3kg 物體的重量，會以「3kgf（公斤 f）」或「3kgw（公斤重）」來表示，以與質量 3kg 做區分。不過很多時候我們會省略掉表示重量的「f」或「w」，因而與質量的 3kg 混淆。

「3kgf」、「3kgw」是指質量「3kg」物體的重量，亦即地球吸引質量 3kg 物體的力量。重量就是指力量，和質量不同。

3kg 的物體在月球上，因為月球引力弱，所以重量會小於在地球量得的 3kgf。在地球上用彈簧秤量得 3kgf，若把同一台彈簧秤帶到月球再量一次，會量得比 3 還小的數字，大約是 0.5kgf。這是因為月球比地球小，月球引力也比較小的關係。

[總結]

質量→ kg、g：難以推動的指標

重量→ kgf、kgw、gf、gw：地球吸引的力量

Q 質量與重量的單位是什麼？

A 質量單位是 kg、g、t 等。重量單位是 kgf、kgw、gf、gw、tf、tw 等。

🔲 重量係指地球吸引的力量，因此要和質量做區分。質量 1kg 物體的重量，會在 kg 後加上 f 或 w，以 kgf 或 kgw 來表示。

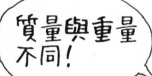

質量 ⇨ kg、g、t 等

重量 = 力量 ⇨ kgf、kgw 等

會加上 f 或 w

Q 質量與重量哪裡不同？

A 質量是難以推動、難以加速、慣性的單位。
而重量則是地球吸引的力量、引力、重力的單位。

 如果我們說蘋果 100g，是指質量為 100g。質量是難以推動的單位。所謂難以推動，是指難以產生加速度。100g 的蘋果要得到與 50g 的蘋果相同的加速度，必須花 2 倍的力量。

質量 100g 的蘋果，其重量寫成 100gf（公克 f）或 100gw（公克重）以與質量區別。重量就是力量，重量 = 地球吸引的力量 = 重力。

在地球上，質量 100g 的蘋果，重量是 100gf 或 100gw。施加在質量 100g 的蘋果上的重力，是 100gf 或 100gw。

g 是質量的單位，gf、gw 是力量的單位。請大家務必區分清楚並牢牢記住。

　　質量→ 100g
　　重量→ 100gf、100gw（力量的單位）

常常有人把這兩者混淆使用。其實 100g 的力量，必須說成是 100gf 的力量，或 100gw 的力量才對。

Q 質量 50kg 的人和質量 100kg 的人掉下來了。誰的重力加速度 g 比較大？

A 重力加速度 g 相同，都是 9.8m/s²。不論什麼物體，掉下來的時候，速度都會以 9.8m/s² 的加速度增加。

只要是在地球上，任何物體的重力加速度都是 9.8m/s²。
不過加速度有時會因空氣阻力而改變。高大的人空氣阻力比較大，所以加速度應該會比較小。同時加速度也會因距離地表的遠近，而有些微差異。

1

運動方程式

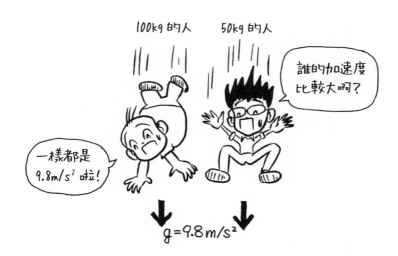

Q 質量 50kg 的人和質量 100kg 的人，誰比較重？

A 重量（重力）分別是 50kgf（kgw）、100kgf（kgw），質量 100kg 的人則是前者的 2 倍重。

重量就是指重力，也就是地球吸引的力量，和質量成正比。質量如果是 2 倍，重量也就是 2 倍。

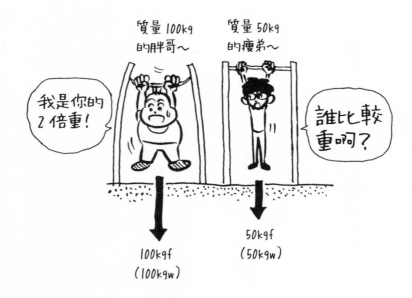

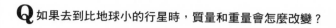

Q 如果去到比地球小的行星時，質量和重量會怎麼改變？

A 質量不變，重量會變輕。

不論去到哪裡，質量都不變。不過重量（行星吸引的力量）會因重力加速度而改變。比較小的行星，其重力加速度也比較小，所以重量也會比較小。

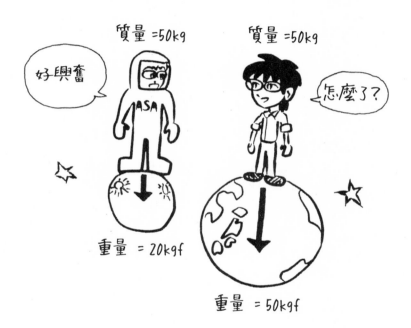

Q 1　何謂質量？　質量的單位是什麼？

　　2　何謂重量？　重量的單位是什麼？

A 1　質量是表示物體難以推動、難以加速、慣性的量。單位是 kg、g 等。

　　2　重量是地球吸引物體的力量，即引力的大小。單位是力量的單位，所以是 kgf（公斤 f）、kgw（公斤重）、gf、gw、N（牛頓）等。

▢ 重量就是指重力，也就是地球吸引的力量，和質量成正比。質量如果是 2 倍，重量也就是 2 倍。

100g ⇨ 質量（難以推動的程度）

100gf ⇨ 重量（重力）

重量就是力量！

Q 10 秒走 20m 的人，步行速度是多少？

A 20m ÷ 10s = 2m/s

運動方程式指出，

力 = 質量 × 加速度（F = ma）

質量是「難以推動程度的指標」，以 kg 或 g 來表示。接著應該要討論加速度，不過在那之前，我們先來了解速度。

10 秒走 20m 時，速度就是：

20m ÷ 10 秒 = 2m/ 秒

秒的英文是 second，所以 2m/ 秒也可以寫成 2m/s。因為是距離除以時間，所以單位就是 m/s 或 km/h 等。h 就是 hour，也就是小時。

[總結]

順帶一提，速度的單位是 m/s、km/h 等，以距離 / 時間來表示。「速度」與「快」之間有些語感的差異。**速度是包括大小與方向的量，但快則只具有大小的量**。講速度時會加上方向，例如應該說成向東 2m/s。不過實際使用時卻屢屢被混淆在一起。

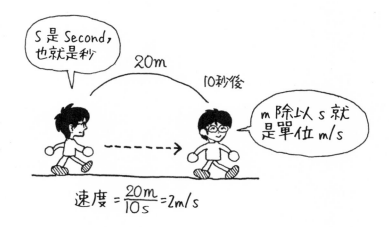

Q m/s 怎麼唸？

A 每秒_____公尺、Meter per second、秒速_____公尺

 100m/s 就是秒速 100 公尺，_____m/s 讀成「秒速____公尺」，也有人讀成「公尺每秒」、「Meter per second」等。

「每秒」前進 100 公尺，所以是 100 公尺「每秒」。

而「/」是除法的記號，「/ 秒」就是「以秒除」，所以也可以讀成「per 秒」。如果是「/s」就是「per second」，如果是「/h」就是「per hour」。

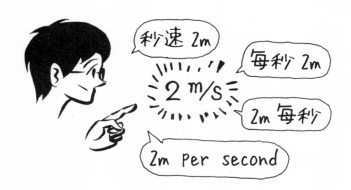

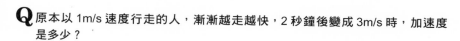

Q 原本以 1m/s 速度行走的人，漸漸越走越快，2 秒鐘後變成 3m/s 時，加速度是多少？

A （3m/s - 1m/s）/2s = 1m/s^2

📦 運動方程式是：

　　力 = 質量 × 加速度

接著來說明加速度。

假設原本以 1m/s 速度行走的人，漸漸越走越快，2 秒鐘後變成 3m/s。這就是指花了 2 秒鐘的時間，速度增加了 2m/s。亦即每 1 秒增加 1m/s。用公式來表達就是：

　　（3m/s - 1m/s）/2s = 1m/s^2

這就是加速度。用來表示速度增加的程度，亦即 1 秒鐘增加了多少速度。

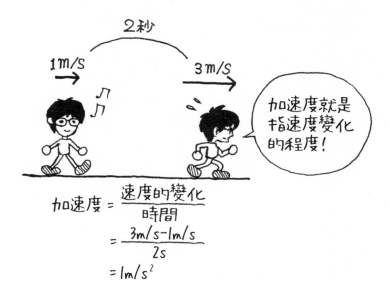

1

運動方程式

Q m/s² 怎麼讀？

A 公尺每平方秒、Meter per second 的平方、Meter per square second

速度的單位「m/s」讀成「公尺每秒」、「Meter per second」等。那麼加速度的單位「m/s²」，分母是 s 的平方，又該怎麼讀呢？

它的讀法是「公尺每平方秒」、「Meter per second 的平方」等。讀起來很拗口，可是也只能這麼讀。最好是可以不用大聲讀出來，用眼睛看，或用寫的就好了……。

$\mathbf{Q}$ **重力加速度 g 是幾 m/s² ？**

$\mathbf{A}$ 9.8 m/s²

最有名的加速度就是重力加速度。也寫成 g 或 G，或表示承受了 1g 的加速度等。
重力加速度是指物體朝向地球表面落下時的加速度，約為 9.8 m/s²。

放開手中的蘋果，1 秒鐘後會以 9.8 m/s、2 秒鐘後會以 9.8×2 = 19.6m/s、3 秒鐘後以 9.8×3 = 29.4m/s 的速度落下。每 1 秒會增加 9.8 m/s 的速度。因為速度會增加，所以稱為**加速度**。

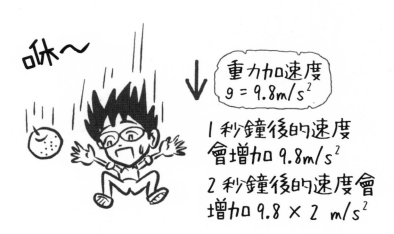

1

運動方程式

Q 如何用 kg（公斤）、m（公尺）、s（秒）來表示 N（牛頓）？

A N = kg · m/s²

以「N」來表示的牛頓，是力的單位。1N 的定義就是讓 **1kg 物體產生 1m/s²** **加速度的力。**

運動方程式為 F = ma（力 = 質量 × 加速度），如果質量單位為 kg，加速度單位為 m/s² 時，力就是 kg · m/s²，這也就是 N（牛頓）的定義。

當運動方程式中的質量單位為 kg，加速度單位為 m/s²，此時力的單位就是 N（牛頓）。

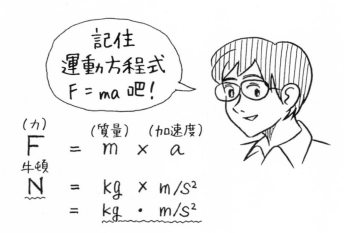

Q 讓質量 50kg 的物體，產生 2 m/s² 加速度的力量是多少？

A 力 = 質量 × 加速度 = 50kg×2m/s² = 100kg・m/s² = 100N（牛頓）

📦 記住 kg・m/s² = N，將質量加上單位 kg，加速度加上單位 m/s²，然後再計算即可。最後只要將 kg・m/s² 的單位換成 N，就大功告成了。請記住牛頓的定義 kg・m/s² = N，還有「力 = 質量 × 加速度」這個運動方程式吧。

1

運動方程式

Q 對質量 50kg 的物體，施加 200N（牛頓）的力，加速度是幾 m/s^2？

A 4 m/s^2

設加速度為 x（m/s^2），將各個數值代入運動方程式（力 ＝ 質量 × 加速度，F = ma），就可求解如下：

$$200 = 50 \times x$$
$$x = 4 \text{（m/s}^2\text{）}$$

加上單位計算如下：

$$200N = 50kg \times x$$
$$x = （200N）/（50kg）$$
$$= （200kg \cdot m/s^2）/（50kg）$$
$$= 4m/s^2$$

加上單位就可以看出，分子的 kg 與分母的 kg 抵消，只留下 m/s^2。

$\mathbf{Q}$ 1kgf（1 公斤重）的力是幾 N（牛頓）？

$\mathbf{A}$ 9.8N

1kgf 是指地球吸引質量 1kg 物體的力量大小。kgf 是常用的力的單位，但有時不會寫成 1kgf 或 1 公斤重，而被省略寫成 1kg。一般所指 1kg 的力，正確來說應該是 1kgf 的力，或是 1 公斤重的力。

1kg 的物體承受 9.8m/s² 的重力加速度。根據運動方程式，可以得到以下結果：

$$力 = 質量 \times 加速度$$
$$= 1kg \times 9.8m/s^2$$
$$= 9.8kg \cdot m/s^2$$
$$= 9.8N$$

所以對質量 1kg 物體作用的重力 1kgf，就是 9.8N。

質量只要乘上重力加速度 9.8m/s² 就是牛頓了！

1
運動方程式

Q 體重 40kg（正確來說是 40kgf）為幾 N（牛頓）？

A 392N

體重 40kgf 也就代表質量是 40kg。

因為力 = 質量 × 加速度，而質量是 40kg、加速度是 9.8m/s²，所以

力 =40kg×9.8m/s² = 392N

請記得，「**將 kgf 換算成 N，大約會變成 10 倍**」。

體重 40kgf →約 400N

體重 50kgf →約 500N

體重 60kgf →約 600N

把自己的體重換算成牛頓，當有人問你體重時，可以用牛頓為單位來回答，這樣就可以習慣牛頓這個單位。

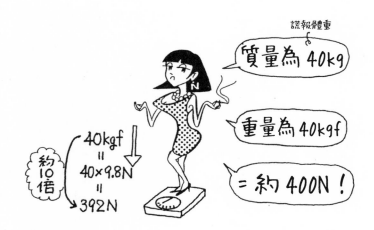

Q 算算雪的荷重，每積雪 1cm 對每 1m² 施加的力等於 20N（牛頓）時，100m² 的屋頂積了 1m 雪，積雪的質量是幾 t（噸）？

（令重力加速度為 10m/s²）

A 20t

因為力 = 質量 × 加速度，假設 20N = $x \times 10$，即可知道質量 $x = 2$kg。
積雪高 1cm 是 2kg 的話，100cm 就是 200kg。而積雪面積 1m² 為 200kg，所以 100m² 就是 $200 \times 100 = 20000$kg = 20t。
一般轎車約為 1t 多一點，換句話說，就好像承載了將近 20 輛車的重量。
建築基準法有關積雪荷重的指示是，每 1cm 高的積雪量，每 1m² 應計算為 20N。考量到安全性，特意將這個數字設得大一點。

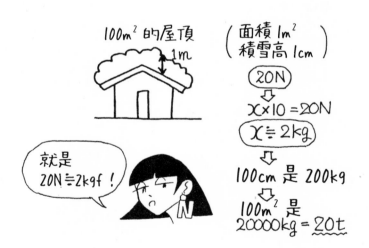

Q 1tf（1 公噸重）的力是幾 N（牛頓）？

A 9800N

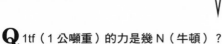 1tf是指地球吸引質量 1t（噸）物體的力量大小。N（牛頓）的定義是 kg・m/s²，質量以 kg 為單位。因此先將單位轉換為 kg 再做計算。

　　1t = 1000kg

而施加在 1000kg 物體的重力加速度為 9.8m/s²。所以根據運動方程式，施加在 1000kg 物體的重力大小為：

　　力 ＝ 質量 × 加速度
　　　 = 1000kg×9.8m/s²
　　　 = 9800kg・m/s²
　　　 = 9800N

施加在 1000kg 物體上的重力為 9800N，所以 1000kgf = 9800N。
也就是説 1tf = 9800N。

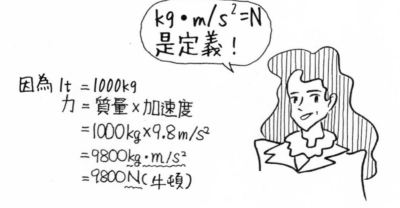

Q 設岩盤支撐重量的力，每 1m^2 為 1000kN（千牛頓）。每 1m^2 是幾 tf ？（令重力加速度 = 10m/s^2）

A 100tf

1kN = 1000N，1000kN = 1000×1000N。

而 1kgf ≒ 10N → 1N ≒ 0.1kgf，所以

$$1000×1000N ≒ 100×1000kgf$$

則 1000kgf = 1tf，所以

$$100×1000kgf = 100tf$$

亦即每 1m^2 可支撐達 100tf。

建築基準法規定，岩盤的支撐力為 1000kN/m^2。因為是基準規定，考量到安全性，設定得比實際的支撐力略小。紐約的曼哈頓和香港的高樓大廈都是蓋在岩盤上。如果地面沒有支撐力，早就沉下去了。

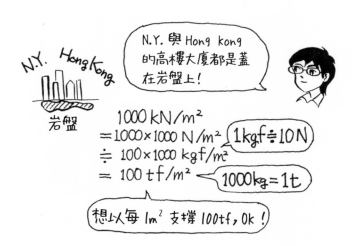

1

運動方程式

Q 98N（牛頓）是幾 kgf（公斤 f）？

A 10kgf

kgf 表示地球吸引 kg 質量物體的力量大小。例如 100kgf 就是指地球吸引 100kg 物體的力量大小。

這個問題即是要思考多少公斤的物體，才能被地球用 98N 的力量吸引。我們還是要用運動方程式來解決這個題目。

設質量為 x，力 = 98N，加速度 = 9.8m/s²，代入公式，

力 = 質量 × 加速度

98N = x × 9.8m/s²

x = (98N)/(9.8m/s²)

　　 = (98kg・m/s²)/(9.8m/s²)

　　 = 10kg

所以地球吸引 10kg 物體的力量就是 98N。換言之，98N 的力就等於 10kgf。因為 10kgf 就代表地球吸引質量 10kg 物體的力量大小。

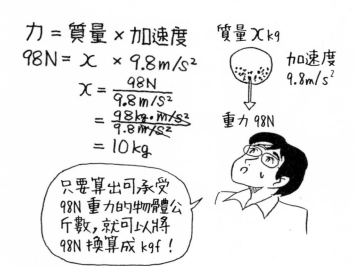

Q 何謂 J（焦耳）？

A 它是熱量、功、能量的單位。

🔲 熱量、功、能量基本上是一樣的東西。能量是指作功的能力，而熱量是能量的一種形式。能量可以推動物體，也可以轉換成熱量。

在建築領域中，當談到環境工程的熱量，或結構力學的虛功等，就會提到焦耳。首先，讓我們先記住「焦耳」這個單位名，還有它的符號「J」吧。

Q 熱量的單位是？

A J（焦耳）、cal（卡）

焦耳的符號是「J」，用來做為熱量、功、能量的單位。以前我們大多用 cal（卡）來做為熱量單位，不過現在有逐漸轉向使用國際單位 J（焦耳）的趨勢。

Q 施加 1N（牛頓）的力來移動物體 1m 的功是多少？

A 1J

功 = 力 × 距離，所以 1N×1m = 1N・m
而 N・m = J（焦耳），所以 1N・m = 1J（焦耳）。
焦耳的定義就是，J（焦耳）= N・m。

Q 施加 2N（牛頓）的力來移動物體 3m 的功是多少？

A 功 = 力 × 距離 = 2N×3m = 6N・m = 6J

焦耳的定義就是 N・m = J。

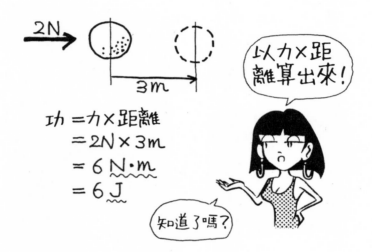

Q 怎麼用 kg、m、s 來表示 J（焦耳）？

A $kg \cdot m^2/s^2$

因為「功 ＝ 力 × 距離」，而根據運動方程式，力 ＝ 質量 × 加速度，所以

$J = N \times m = (kg \times m/s^2) \times m = kg \cdot m^2/s^2$

請牢記「功 ＝ 力 × 距離」和「力 ＝ 質量 × 加速度」。

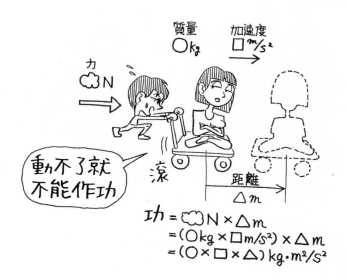

Q 1cal（卡）是幾 J（焦耳）？

A 1cal = 4.2J

🔲 卡和焦耳都是表示熱量的單位。1cal 是指讓 1g 的水上升 1℃所需的熱量。
因為卡的基本定義為讓水的溫度上升 1℃，所以也是與人們生活比較貼近的單位。
更正確的說法，應該是指在 1 大氣壓下，讓 1g 的水由 14.5℃上升到 15.5℃的熱量。亦即 1cal = 4.1855J。

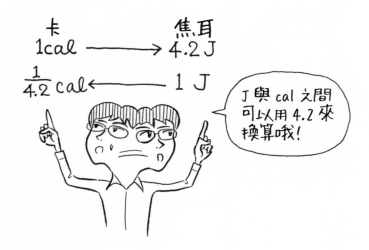

Q 10cal（卡）是多少 J（焦耳）？

A 1cal = 4.2J，所以 10cal = 4.2×10J = 42J

只要乘上 4.2，就可以直接換算成焦耳了。知道了嗎？

$$10\,cal = 4.2 \times 10\,J$$
$$= 42\,J$$

Q 1 1kgf 是多少 N（牛頓）？

2 1cal 是多少 J（焦耳）？

A 1 1kgf 即施加在質量 1kg 物體上的重力大小。

所以力 = 質量 × 加速度 = $1kg \times 9.8m/s^2 = 9.8kg \cdot m/s^2 = 9.8N$。

所以 1kgf = 9.8N

2 1cal = 4.2J

請記住 1kgf = 9.8N，1cal = 4.2J。kgf、cal 雖然是比較容易理解的單位，不過一般還是較常使用國際單位 N、J。牛頓大約是 kgf 的 10 倍，而焦耳大約是 cal 的 4 倍。

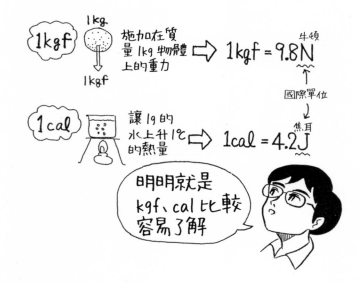

Q W（瓦）是什麼單位？

A 功率的單位。

功率是指 1 小時、1 分鐘或 1 秒鐘的單位時間內作了多少功，換句話說，也就是**每單位時間所作的功**。瓦是指每 1 秒內所作的功。

我們熟知的燈泡瓦數中，100W 的燈泡每秒所作的功，是 50W 燈泡的 2 倍。而電功會轉換成熱或光等能量。

Q 如何用 J（焦耳）來表示 W（瓦）？

A J/s（每秒 ____ 焦耳、Joule per second）

1 秒內有多少焦耳就是瓦。 這是指 1 秒內作了多少焦耳的功，也就是功率的單位。

功並不包含時間的概念。因此作了 1 年的功，與作了 1 秒的功，所得的都是相同數量的功。但如此一來便無法知道效率如何，所以必須加入時間單位來考慮所作的功。這就是功率。

焦耳也是熱量、能量的單位。所以瓦也可以用來表示 1 秒內有幾焦耳的熱量移動，或 1 秒內使用了幾焦耳的能量。

能量是指作功的能力。有 1J（焦耳）的能量，也就是指有能力作 1J 的功。熱量是能量的一種形態。再說得深入一點，這時分子運動的總動能會以熱量的形態表現出來。所以不論是功、能量或熱量，原則上都是一樣的，可以用相同的單位來表示。

功率 100W 是指 1 秒內作了 100J 的功。也可以說成 1 秒內消耗了 100J 的能量，或 1 秒內有 100J 的熱量移動了。

Q 當 5 秒內作了 100J 的功，功率是多少？

A 100J/5s = 20J/s = 20W

因為 J/s = W，所以 20J/s = 20W。

1 秒內作功 100J 時，100J/1s = 100W。100W 和 20W 相比，作功的效率是 5 倍。將時間都換算成 1 秒，就可以比較功的多寡。因此，即使作的功相同，只要花的時間不同，效率就會不同。

2

能量與熱

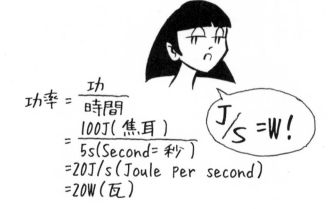

$$功率 = \frac{功}{時間}$$

$$= \frac{100J(焦耳)}{5s(Second=秒)}$$

$$= 20J/s(Joule\ per\ second)$$

$$= 20W(瓦)$$

J/s = W!

Q 如何用 N（牛頓）來表示 W（瓦）？

A W = J/s =（N · m）/s

功率 = 功 / 時間（W = J/s），而功 = 力 × 距離（J = N · m），
所以 W = J/s =（N · m）/s。

Q1　要用多少的力量讓質量 2kg 的物體產生 3m/s² 加速度？

　　2　用 10N 的力讓物體移動 2m，所作的功是多少？

　　3　10 秒內作 1000J 的功率是多少？

A1　力 = 質量 × 加速度 = 2kg×3m/s² = 6kg・m/s² = 6N（牛頓）

　　2　功 = 力 × 距離 = 10N×2m = 20N・m = 20J（焦耳）

　　3　功率 = 功 / 時間 = 1000J/10s = 100J/s = 100W（瓦）

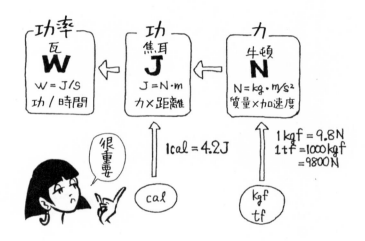

2

能量與熱

Q 1 用 10N 的力推 2kg 物體的加速度是多少？

2 以 10N 的力推物體作出 100J 的能量時，物體移動的距離是多少？

3 用 100W 的功率作功 10 秒所得的功是多少？

A 1 因為 10N = 2kg · x，所以
x = 10N/2kg = 5N/kg = 5（kg · m/s²）/kg = 5m/s²

2 因為 100J = 10N · x，所以
x = 100J/10N = 10（N · m）/N = 10m

3 因為 100W = x/10s，所以
x = 100W · 10s = 1000W · s = 1000（J/s）· s = 1000J

📦 只要記住力 = 質量 × 加速度，功 = 力 × 距離，功率 = 功 / 時間的基礎公式，再將未知數以 x 代入，就能輕輕鬆鬆求出解答。如果計算時再加上單位，如上所述，就更不會搞錯了。

Q K（Kelvin）是什麼的單位？

A 絕對溫度的單位。

絕對溫度是指**當分子或原子完全停止運動時**，做為**絕對零度**，然後再以此溫度
細分刻度。溫度間隔和攝氏（℃）一樣。

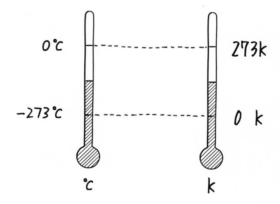

Q 絕對溫度的零度（0K：0 Kelvin）是幾℃？

A - 273℃

0K（0 Kelvin） = - 273℃。0℃就是 273K。**零下 273℃是分子停止運動的溫度**，因此世上應該不會有更低的溫度了。絕對溫度就是以這個溫度為基準。單位則使用 K（Kelvin）。要小心這個單位不像℃，英文字母前沒有小圈圈。

日常生活中常使用的℃，也就是攝氏溫度（Celsius Temperature）。攝氏溫度是以水的凝固點（水結冰時的溫度）定為 0 度，以水的沸點（水沸騰成水蒸氣的溫度）定為 100 度，所制定的溫度單位。

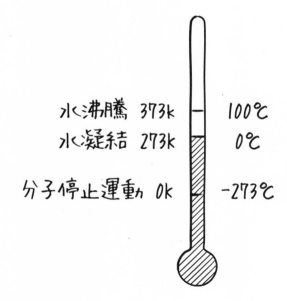

水沸騰 373k ─ 100℃
水凝結 273k ─ 0℃
分子停止運動 0k ─ -273℃

Q 1 20℃是幾 K（Kelvin）？

2 300K（Kelvin）是幾℃？

A 1 20 + 273 = 293K

2 300 - 273 = 27℃

絕對溫度的零度，0K（0 Kelvin），就是零下 273℃。而且絕對溫度 K 的刻度
和℃一樣。所以訂定絕對溫度為 T，攝氏溫度為 t 時，兩者有以下關係。

$$T = t + 273$$

只要記住絕對零度就是零下 273℃，就可以換算了。

2

能量與熱

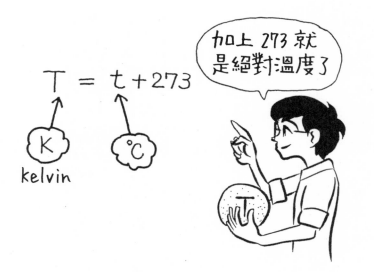

Q 如何用電位差（V）與電阻（R）來表示電流（I）？

A 電流 = 電位差 / 電阻（I = V/R）

這裡之所以要提到電，是因為它與設備有直接的關係，而且原理也可以應用在熱的流動上。所謂電流，就是指單位時間內電的流動量。單位是安培（A）。此定義就和水在 1 秒內的流動量類似。

電位差和字面意義一樣，也就是電位的差異。單位是伏特（V）等。就像地形有高低差，電位也有。地表的高低差越大，水就越能流動。相同地，電位差越大，電就越能流動。電位差也稱為電壓。

而電阻則是讓電無法流動的阻力。單位是歐姆（Ω）等。如果水流經的地方散落著石頭，水就不易流動。石頭就是水流的阻力。電也一樣，電阻越大就越難流動。

高低差越大，水流越大；阻力越大，水流越小。電流也是一樣，電位差越大，電流越大；電阻越大，電流越小。因此電位差是分子，電阻是分母。

這個公式不用死背，只要知道**電位差如果變成一倍，電流就會變成一倍，而電阻如果變成一倍，電流就只剩一半**，這樣自然就可以導出公式。就把它想成是水流來記吧。

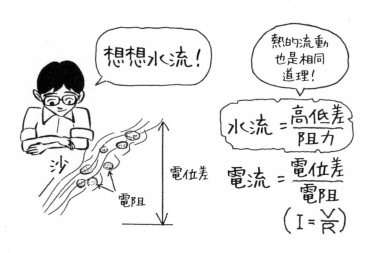

Q 電位差（電壓）為 6V（伏特），電阻為 60Ω（歐姆）時，電流是多少？

A 電流 = 電位差 / 電阻 = 6V/60Ω = 0.1A（安培）

如果把電流比喻成水流，電位差就是高低差，電阻則是凹凸不平的多寡。電位差越大，電流越多。電流和電位差成正比，所以電位差為分子。

電阻越大，電就越難流動。電流和電阻成反比，所以電阻是分母。

電位差是分子，電阻是分母，確實記住這個道理吧。

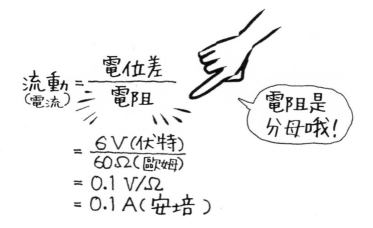

2

能量與熱

Q 電位差（電壓）為100V（伏特），電阻為50Ω（歐姆）時，電流是多少？

A 電流 = 電位差 / 電阻 = 100V/50Ω = 2V/Ω = 2A（安培）

上一回合的電位差6V，相當於4個乾電池，本回合100V則相當於一般家庭用電的電壓。如果以水流來比喻，也就是高低差、落差變大了。所以流動量也跟著變大。

熱量通過牆壁的公式，分子是溫差，分母是熱阻。這和電流的公式很類似。學習熱的流動時，就想想這個電流公式吧。

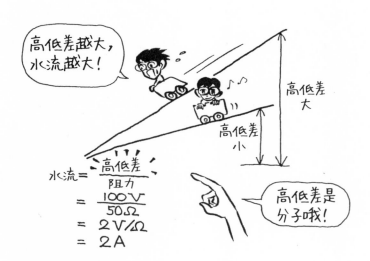

Q 怎麼用電流（I）與電壓（V）來表示電功率？

A 電功率 = 電流 × 電壓 = I×V（W）

電功率是表示單位時間內電作了多少功。電功率可以用電流 × 電壓來計算。用符號表示，就是 I×V。

因為電功率是表示 1 秒內電作了多少焦耳的功，所以單位可用瓦。瓦是功率的單位，也就是 1 秒內做了幾焦耳功的單位。電功率也是一樣的。

請再複習一下 W = J/s =（N・m）/s 的單位關係吧。

2

能量與熱

$$電功率 (W) = I \times V$$
$$= 安培 (A) \times 伏特 (V)$$
$$= J/s$$
$$= (N \cdot m)/s$$

Q 電流為 0.5A（安培），電壓為 100V（伏特）時，電功率是多少？

A 電功率 = 電流（I）× 電壓（V）= 0.5A×100V = 50A・V = 50W（瓦）

請記住電功率 =I×V。安培（A）× 伏特（V）就變成瓦（W）。也就是
A・V = W。

50W 的電功率也就是 1 秒內電作功 50J，或者是說 1 秒內電消耗了 50J 的能量。
W = J/s 是基礎公式。

請記住電功率
=I × V 吧！

電功率 = 電流 × 電壓
= 0.5A×100V
= 50A・V
= 50W（瓦）

Q 用 100V（伏特）的電壓讓 100W（瓦）的燈泡發光時，電流是多少？

A 1A（安培）

📦 根據電功率 = 電流 × 電壓的公式，假設電流為 I，

$$100W = I \times 100V$$

因此電流即 I = 100W/100V = 1A（安培）。

Q 持續點亮 100W 的燈泡 1 小時，要耗費多少能量？

A 360000J

 能量就是功，可以用功率 × 時間 = 100W×1 小時來表示。因為 W（瓦）= J/s
（Joule per second、每秒多少焦耳），所以必須把小時（hour）換算成秒。

　　　1 小時 = 60 分 = 60×60 秒 = 3600 秒（s）

所以

　　　100W×1 小時 = 100J/s×3600s = 360000J（焦耳）

看得出來 100J/s 的分母 s，會與 3600s 的 s 約分消除掉。

36 萬焦耳這種數字位數太多，容易搞混，所以也有 Wh（瓦小時）的功單位。

如字面所示，就是瓦 × 小時。是指以 1 瓦的功率作功 1 小時的功或能量。

1 小時是 3600 秒，所以 1Wh = 1J/s×3600s = 3600J。

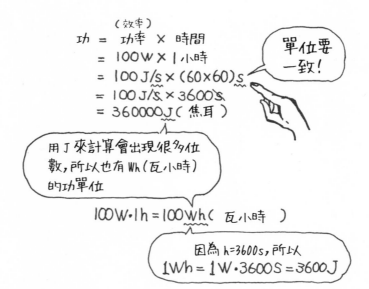

Q 假設比熱為 c，質量為 m，溫度變化為 Δt，溫度變化所造成的熱量 Q 是多少？

A Q = c・m・Δt（熱量 = 比熱 × 質量 × 溫度變化）

△（Delta）表示變化。△t 表示 t 的變化。這裡是指溫度（temperature）的變化。Q 是熱量，c 是比熱，m 是質量，這些都是常見的符號。請大家熟悉這些符號。

熱量的單位是 J（焦耳）或 cal（卡）。現在比較常用的是 J。

質量可以用單位 kg、g，有時也會用 mol（莫耳）。但嚴格來說莫耳並非質量。

溫度變化的話，K（Kelvin）可能比℃常用。K 與℃的刻度間隔一樣，所以不論使用何者，溫度變化 △t 都是一樣的數值。

首先先記住 Q = c・m・Δt 的公式吧。

2

能量與熱

J（焦耳）
cal（卡）

℃（攝氏）
k（絕對溫度）

$$Q = c \cdot m \cdot \Delta t$$

k（公斤）
g（公克）
mol（莫耳）

Q 比熱 c 為 4200J/（kg·K）、質量 2kg 的物體，溫度要上升 10K（Kelvin）時，需要多少熱量 Q？

A Q = c · m · Δt = 4200J/（kg·K）· 2kg · 10K
   = 84000J/（kg·K）· kg · K
   = 84000J

 加上單位再進行計算，就不會搞錯單位了。上述公式中，kg 與 K 都分別被約分消除，只剩 J。

用 c·m·Δt 來計算！

熱量 = 比熱 × 質量 × 溫度差

Q = c · m · Δt
   = 4200J/kg·K·2kg·10K
   = 4200·2·10 J/kg·K·kg·K
   = 84000 J

Q 對比熱 c 為 1000J/（kg・K）、質量 10kg 的物體，施加 20000J 的熱時，溫度會上升多少？

A 2K（Kelvin）

將各個數值代入 $Q = c \cdot m \cdot \Delta t$（熱量 = 比熱 × 質量 × 溫度變化）的公式，就是

20000J = 1000J/（kg・K）・10kg・Δt

所以

Δt = 20000J/[1000J/（kg・K）・10kg] = 2K（Kelvin）

因此可知溫度會上升 2K（Kelvin）。溫度上升 2K，和上升 2℃ 是一樣的。這是因為雖然 K 與 ℃ 的 0 度位置不同，但刻度間隔是一樣的。

2

能量與熱

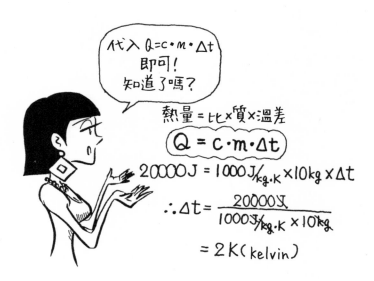

Q 如何用比熱 c 與質量 m 來表示熱容量？

A 熱容量 = 比熱 × 質量 = c×m

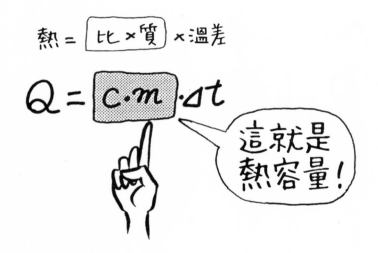 容量是指容器的大小，代表可以放進多少東西。例如能裝 2 公升水的容器，容量就比能裝 1 公升水的大。

熱容量則是能裝多少熱、能累積多少熱的指標。熱容量越大，就能累積越多的熱量。而累積能量很不容易，要發散能量更不簡單。就像可以儲很多水的容器，要儲滿水和倒空水都不太容易。

熱容量的公式，比熱 × 質量（c·m），即是熱量 = 比熱 × 質量 × 溫度變化的一部分。請和 $Q = c \cdot m \cdot \Delta t$ 的公式一起記住。

熱 = [比 × 質] × 溫差

$$Q = \boxed{c \cdot m} \cdot \Delta t$$

這就是熱容量！

Q 熱容量越大代表蓄熱效果如何？

A 越好。

累積熱量的蓄熱效果，熱容量越大就越好。這就和容器越大，越能裝水的道理一樣。熱容量大，就表示蓄熱的容器大。

$Q = c \cdot m \cdot \Delta t$ 的公式中，$c \cdot m$ 的部分越大，即使 Δt 相同，Q 也會越大。也就是說，需要更多的熱量，讓溫度產生相同變化。

熱容量 $c \cdot m$ 越大，要讓溫度上升 1K（Kelvin）就必須吸收更多的熱量。而要讓溫度下降 1K，也必須放出更多的熱量。

換句話說，也就是溫度不易變化的意思。因為可以累積很多熱量，所以溫度就不容易變化了。

2

能量與熱

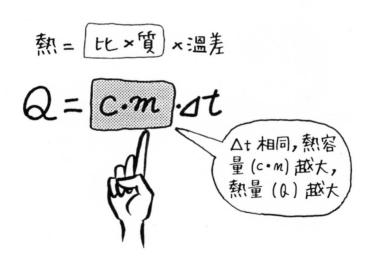

熱 = [比×質] × 溫差

$$Q = \boxed{c \cdot m} \cdot \Delta t$$

Δt 相同，熱容量 $(c \cdot m)$ 越大，熱量 (Q) 越大

Q 怎麼用熱量 Q 與溫度變化 △t 來表示熱容量？

A Q/△t

將 Q = c · m · △t（熱量 = 比熱 × 質量 × 溫度變化）的公式，
變成熱容量 = c · m（比熱 × 質量）的形式，就是

熱容量 = c · m = Q/△t（熱量 / 溫度變化）

如果以熱量／溫度變化做為單位，就是 J/K（Joule per Kelvin）。
也可使用 cal/℃。
當不知道單位是什麼的時候，就可以像這樣把基本公式轉換一下，再想想看。

Q 1 比熱為 4200J/（kg．K）的水 10kg，熱容量是多少？

2 比熱為 1300J/（kg．K）的木材 10kg，熱容量是多少？

3 比熱為 800J/（kg．K）的水泥（混凝土）10kg，熱容量是多少？

A 因為熱容量 = c．m（比熱 × 質量），

1 c．m = 4200J/（kg．K）×10kg = 42000J/K

2 c．m = 1300J/（kg．K）×10kg = 13000J/K

3 c．m = 880J/（kg．K）×10kg = 8800J/K

這就表示溫度要上升 1K（Kelvin），各需要 42000J、13000J、8800J 的熱量。水的比熱大，相對熱容量也較大。

比熱原本就是和水相比，需要多少熱量的一種比較單位。以**讓 1g 水上升 1℃所需要的熱量為 1cal** 的基準來比較、測量其他的材料。因為是「和水相比的熱量」，所以才稱為比熱。意思就是以水為 1，衡量其他物質是水的幾倍的單位。隨著熱量的單位由 cal（卡）轉變成 J（焦耳），這樣的含義也越來越難以直觀理解了。

水泥的比熱小，所以相同的質量，其熱容量也比較小。不過如果各物質的體積相同，水泥的質量會相對來說非常大。與木材相比，體積相同時，水泥的質量是木材的 4 倍以上。

此外，以建築物來說，水泥的使用量遠超過木材。採用水泥的樑柱、地板、牆壁、天花板，質量都非常大。而木材則大多使用薄木板。

因為體積相同時，水泥的質量遠大於木材，再加上其用量遠比木材多又厚，所以建築物中熱容量較大的部分，就是水泥。

水 10kg

$$C \cdot m = 4200 \text{ J/kg} \cdot K \times 10 kg$$
$$= 42000 \text{ J/K}$$

木材 10kg

$$C \cdot m = 1300 \text{ J/kg} \cdot K \times 10 kg$$
$$= 13000 \text{ J/K}$$

$$C \cdot m = 880 \text{ J/kg} \cdot K \times 10 kg$$
$$= 8800 \text{ J/K}$$

水泥 10kg

2

能量與熱

Q 水泥的外側如果鋪上隔熱材（外隔熱），暖房效果是？

A 須要花上一段時間才能溫暖起來，但只要暖起來了就不容易變冷。

🔲 水泥全體的質量很大，所以熱容量也大。雖然水泥的比熱不算太大，但因為質量很大，所以蓄熱的功效也大。

像水泥這種熱容量大的物質，如果放置於隔熱材內側，就能達到只要暖起來就不容易變冷的作用。可以抑制室內的溫度變化，創造舒適的環境。不過因為熱容量大，所以也有很難溫暖起來的缺點。

雖然有溫度變化耗時的缺點，不過一般來說，水泥建築採外隔熱的方式，可以創造出良好的熱環境。牆壁表面、牆壁內部很溫暖，所以也有預防冷凝的效果。

Q 何謂 Hz（赫茲）？

A 就是振動次數、頻率的單位，代表 1 秒內振動幾次，或重複幾次。

100Hz（赫茲）代表 1 秒內重複 100 次。如果是波的話，把一個波峰到下一個波峰的距離視為一個波，3Hz 就是 1 秒內有 3 個波的意思。聲波的振動次數、建築物的振動次數等，也都用 Hz 來表示。

$$Hz = 次 /s$$

Hz 的公式中分母是 s（秒），分子是次數。因為「次」並非實質的單位，所以 Hz（赫茲）的單位即 1/s。

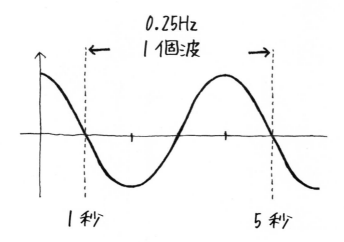

Q 何謂 Pa（Pascal，帕）？

A 壓力的單位。N/m² （Newton per square meter）的意思。

📦 我們使用 Pa（Pascal，帕），來表示 1m² 承受幾 N（牛頓）力的壓力單位。

　　　壓力 = 力 / 面積 = N/m² = Pa

根據以上公式，力的單位為 N（牛頓），而面積則是 m²（平方公尺）。一樣的力，受力面積越大，壓力就越小；受力面積越小，壓力就越大。所以受力面積的大小很重要。

建築結構要承受的力更大，所以常使用 N/mm²（Newton per square millimeter）做為壓力單位。這種情形一般不會特意將單位轉換成帕，大多直接使用 N/mm²。

$$\frac{N}{m^2} = Pa（帕）$$

Q 2m² 的面積承受 10N（牛頓）的力時，壓力是多少 Pa（Pascal，帕）？

A 壓力 = 力 / 面積 = 10N/2m² = 5N/m² = 5Pa

請記住 N/m² = Pa（Newton per square meter = 帕）。

Q 1 1a（are，公畝）是多少平方公尺？

　　2 1ha（hectare，公頃）是多少平方公尺？

　　3 1ha 是幾公畝？

A 1 100m²

　　10m×10m 的面積就是 1a（公畝）。are 是 area（面積）的拉丁語。

　　2 10000m²

　　100m×100m 的面積就是 1ha（公頃）。

　　3 100a

　　h（hect-）是 100 倍的意思，所以 ha（hectare，公頃）就是 a（are，公畝）的 100 倍。

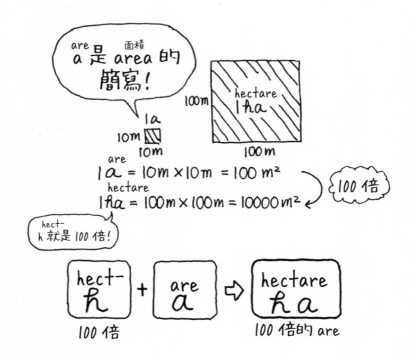

Q 1 1hPa（hectopascal，百帕）是多少 Pa（Pascal，帕）？
   2 如何用 N（牛頓）和 m（公尺）來表示 1hPa？

A 1 100Pa
   2 100N/m²

h（hect-）是 100 倍的意思。ha（hectare，公頃）即 hect ＋ are，所以是 a（are 公畝）的 100 倍。由此可知 hPa（hectopascal，百帕）就是 Pa（Pascal，帕）的 100 倍。

Pa（Pascal，帕）是壓力的單位，也常用於量測氣壓等。不過在氣壓的時候，因為 1 大氣壓約為 100000Pa（10 萬帕），位數很多，所以才使用 hPa。當使用 hPa 時，大氣壓力（1 大氣壓）約為 1013hPa。而 1013hPa 等於 101300Pa。以牛頓為單位，就是 101300N/m²。

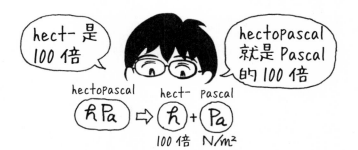

Q 何謂鹼性？

A 溶於水中會生成氫氧根離子（OH⁻）的物質特性。

🔲 鹼性的定義有很多種，最簡單的就是水溶液中有氫氧根離子的性質。
鹼性又稱為**鹽基**（Bases）。與酸反應後會中和掉酸的性質。

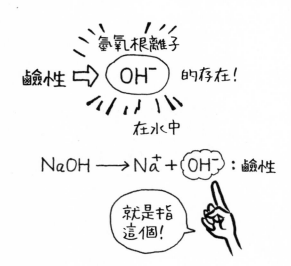

Q 何謂酸性？

A 溶於水會生成氫離子（H^+）的物質特性。

> 酸性的定義也有很多種，不過最簡單的就是水溶液中有氫離子的性質。
> 與鹼反應後會中和掉鹼的性質。
> 舔起來有酸味。

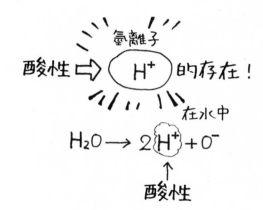

酸性 ⇒ 氫離子（H^+）的存在！

在水中

$$H_2O \rightarrow 2H^+ + O^-$$

↑
酸性

Q 1 能將紅色石蕊試紙變藍的是酸性？還是鹼性？

2 能將 BTB 指示劑（Bromothymol Blue，溴瑞香草酚藍）變藍的是酸性？還是鹼性？

A 1 鹼性。

2 鹼性。

鹼性會讓紅色石蕊試紙變成藍色，將 BTB 指示劑變成藍色。

酸性會讓藍色石蕊試紙變成紅色，將 BTB 指示劑變成黃色。

如果是酚酞（Phenolphthalein）指示劑，鹼性則會讓它變成淡紅色。

石蕊試紙　紅→藍：鹼性
　　　　　藍→紅：酸性
BTB 指示劑　　→藍：鹼性
　　　　　　　→黃：酸性
酚酞指示劑　　→淡紅：鹼性

Q 水泥是酸性？還是鹼性？

A 鹼性。

水泥的成分為 CaO（氧化鈣），溶於水會反應產生 $Ca(OH)_2$（氫氧化鈣），所以是鹼性。

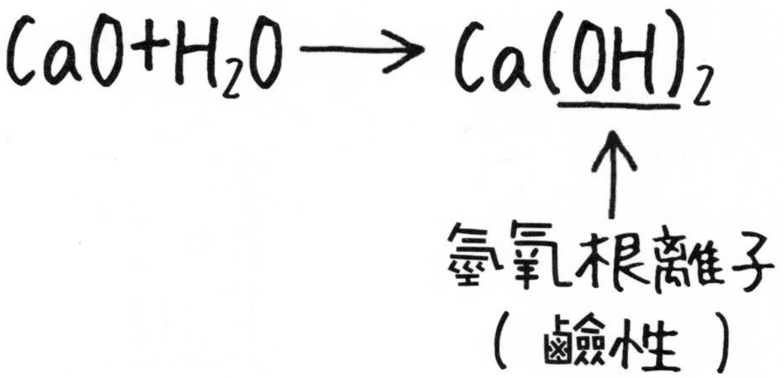

$$CaO+H_2O \longrightarrow Ca(\underline{OH})_2$$

$\uparrow$

氫氧根離子

（鹼性）

Q 水泥的主要成分 ① 加上水，會變成 ② ，成為鹼性。

A ①：CaO（氧化鈣）
②：Ca(OH)$_2$（氫氧化鈣）

水泥中約有 60% 是氧化鈣（CaO）。要讓水泥凝固時須加入水。當氧化鈣加水，就會變成氫氧化鈣，成為鹼性。

水泥和水反應後會凝固。這種反應稱為**水合作用**，這種性質則稱為**水硬性**（Hydraulicity）。

Q 二氧化碳（CO_2）是酸性？還是鹼性？

A 酸性。並且為弱酸性。

二氧化碳會中和鹼性物質成為中性，又具有溶於水時會產成 H^+ 的性質，所以是酸性。

空氣中的二氧化碳（CO_2）會與水泥中的氫氧化鈣（$Ca(OH)_2$）反應，成為中性。這就是水泥酸蝕變成中性的原因，也是鋼筋混凝土會受損的原因之一。

$$Ca(OH)_2 + CO_2 \rightarrow CaCO_3 + H_2O$$
氫氧化鈣　　二氧化碳　　　碳酸鈣　　　水

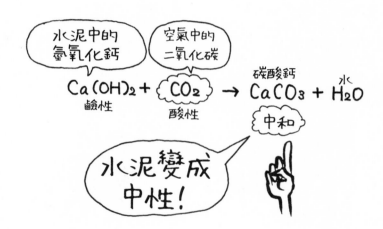

Q 何謂鐵的氧化？

A 鐵與氧結合。

一般來說，**氧化就是指與氧結合，還原則是指與氧脫離。**

氧化的相反就是還原。

也有以失去氫原子與電子來定義氧化的說法，但是就字面意義來記憶「氧化」的定義，亦即與氧結合，也是無妨的。

大家應該都知道，鐵會生鏽是因為空氣中有水與氧。只要欠缺其一，就不會生鏽。

出現紅褐色的鐵鏽是因為鐵氧化成三氧化二鐵（Fe_2O_3）。氧化鐵也有很多種類，不過紅褐色鐵鏽一般是屬於不好的鐵鏽。鐵曝露在外的扶手或樓梯等，只要過了 5 年，就會出現紅褐色鐵鏽。

鋼筋混凝土內的鋼筋，如果受到水與氧的影響而生鏽，就會膨脹造成水泥破裂。進而影響到建築結構，是很嚴重的問題。

與氧結合 ⇨ 氧化

鐵(Fe)與氧(O)結合而造成的生鏽也是氧化反應哦！

$$Fe \xrightarrow{\text{氧化}} Fe_2O_3$$

紅褐色鐵鏽

Q 鐵在鹼性環境中是否容易氧化？

A 不容易。

鐵具有在鹼性環境中不易氧化（不易生鏽）的性質。水泥是鹼性，所以水泥內的鋼筋不易生鏽。
若水泥由鹼性變成中性，鋼筋就會生鏽。一旦鋼筋生鏽，就會膨脹造成水泥破裂。

Q 何謂弧度？

A 即平面角的單位，弧度 = 弧長 / 半徑。

 如果弧度為 θ，半徑為 r，弧長為 l，那麼

　　$\theta = l/r$

以角度表示弧長是半徑的幾倍。

平面的角度常使用「度」為單位。直角是 90°，圓是 360°，雖然容易了解，但因為是 360 進位制，有時也會難以計算。因此數學上比較常使用弧度。

用弧度來量測角度的方法稱為**弧度法**。在我們進入立體角之前，先來復習弧度，重新喚起你的記憶吧。

$$\theta = \frac{l}{r}$$

$$弧度 = \frac{弧長}{半徑}$$

以長度的比例來表示角度！

Q 弧度的單位是？

A rad（radian，弧度）

假設弧長為 1m，半徑為 2m，則弧度是

弧度 = 弧長 / 半徑 = 1m/2m = 0.5（rad）

因為是公尺除以公尺得出的比例，所以並不是實質的單位。弧度（radian）是該比例的名稱。

「rad」是指放射狀、星形、圓形等名詞字首。無線電（radio）這個詞則是來自電波的放射。

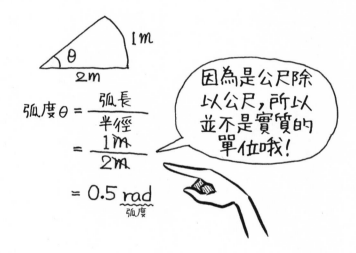

弧度 $\theta = \dfrac{弧長}{半徑} = \dfrac{1m}{2m} = 0.5\,\text{rad}$

因為是公尺除以公尺，所以並不是實質的單位哦！

Q 1　如何用弧度來表示 180°？

　　2　如何用弧度來表示 360°？

A 1　π（rad）

　　2　2π（rad）

圓周長是直徑 × 圓周率，也就是 (2r)・π = 2πr。因此 180°的弧長就是 $(2\pi$r$)/2 = \pi$r。所以，

180°的弧度 = 弧長 / 半徑　= πr/r = π（rad）

360°的弧度 = 弧長 / 半徑　= 2πr/r = 2π（rad）

同理可證，90°的弧度 = 1/2・π（rad）

圓周率 π，表示圓周長度是直徑的幾倍。圓周率約為 3.14，所有的圓都一樣。這是一個奇妙的數字，會出現在數學中各式各樣的地方。

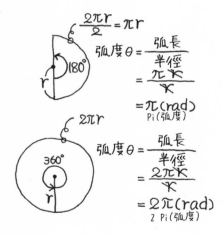

Q 1 半徑 r 的圓的面積是多少？

2 半徑 r 的球的表面積是多少？

3 半徑 r 的球的體積是多少？

A 1 圓周率 ×（半徑平方）= πr^2

2 4× 圓周率 ×（半徑平方）= $4\pi r^2$

3 4/3× 圓周率 ×（半徑立方）= $4/3 \cdot \pi r^3$

面積單位是長度的平方，像平方公尺（m^2）、平方公分（cm^2）等。而體積單位則是長度的立方，像立方公尺（m^3）等。

如果分不清是 r 的平方還是立方，那就回想一下單位，應該就可想起面積是平方、體積是立方了。

Q 如何表示雨傘張開的角度？

A 立體角。

雨傘的張開程度、霜淇淋甜筒的張開程度、大聲公的張開程度、圓錐的張開程度、四角錐的張開程度等，這些都是立體角度。無法使用平面角度所使用的「度」或「弧度」。此時要使用「立體角」。

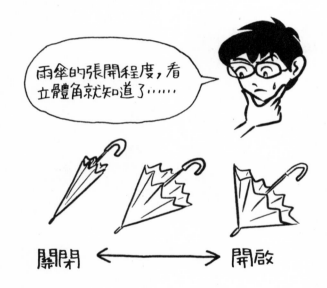

Q 如何用公式來表示立體角？

A 立體角 =（物體在球上的投影面積）/（球半徑）^{2} = S/r^2

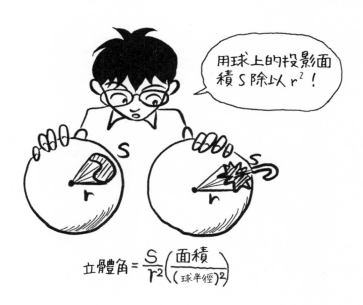

如同弧度 = 弧長 / 半徑 = l/r，是長度除以 r 的一次方，立體角則是面積除以 r 的平方。

因為面積單位是長度的平方，如 m^2 或 cm^2 等，配合面積，所以 r 也取平方。

除以 r 的平方，意即立體角也不是一個實質的單位，而是一種比例。

用球上的投影面積 S 除以 r^2 ！

$$立體角 = \frac{S}{r^2}\left(\frac{面積}{(球半徑)^2}\right)$$

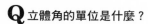

Q 立體角的單位是什麼？

A sr（Steradian，球面度）

因為立體角 =（球上的投影面積）÷（球半徑）²，分子與分母都是長度的平方，所以沒有實質的單位。簡單來說就是一種比例。

半徑 r 平方（r²），也是邊長為 r 的正方形面積。S/r² 表示球上的投影面積 S 是該正方形面積 r² 的幾倍。S/r² 被稱為立體角，單位則使用球面度（steradian）。radian 是弧度的單位。ste 這個字首則有立體的涵義。所以立體音響裝置（stereo）就是指聲音聽起來很立體的音響裝置。radian 前加上有立體意思的 ste，就命名為球面度（steradian）了。

Q 1 球的立體角是多少？

2 半球的立體角是多少？

A 1 球的表面積 $= 4\pi r^2$

球的立體角 $= (4\pi r^2)/r^2 = 4\pi$（球面度，sr）

2 半球的表面積 $= (1/2) \cdot 4\pi r^2 = 2\pi r^2$

半球的立體角 $= (2\pi r^2)/r^2 = 2\pi$（球面度，sr）

球的立體角是 4π，半球則是 2π。由公式可知 r^2 被約分消除了。所以不論半徑大小，立體角都是一樣的。

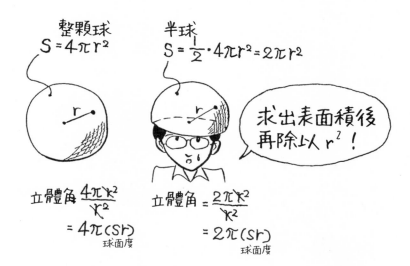

4

弧度與立體角

Q 1 半徑 1m 時，如何用弧度來表示 180°？
    2 半徑 2m 時，如何用弧度來表示 180°？

A 1 弧度 =（弧長）/（半徑）=（2・π・1/2）/1 = π（rad）
    2 弧度 =（弧長）/（半徑）=（2・π・2/2）/2 = π（rad）

不管半徑是 1m、2m 還是 3m，若以弧度來表示 180°，結果都是 π。如果 180° 的弧度會因半徑而異，那就太奇怪了。

不論半徑是多少，角度相同，弧度也都會一致。因為結果一樣，與其用半徑為 2 或 3 去算，不如用 1 去算比較簡單。所以我們常常用半徑 = 1 的圓來計算。

單位不管是 m、cm 還是 mm，結果也都一樣，因此單位也不會影響結果。

我們稱半徑 = 1 的圓為**單位圓**，是非常重要的概念。

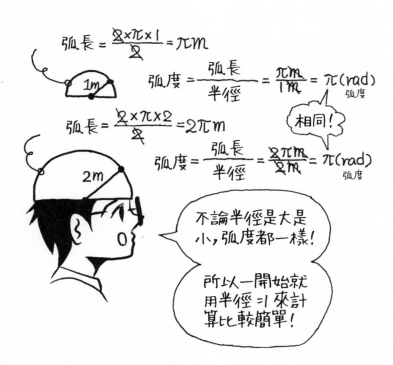

Q 1 半徑 1m 時，半球的立體角是多少？

  2 半徑 2m 時，半球的立體角是多少？

A 1 立體角 =（球上的投影面積）/（球半徑）^{2} =（4·π·1·1/2）/1^2 = 2π（sr）

  2 立體角 =（球上的投影面積）/（球半徑）^{2} =（4·π·2·2/2）/2^2 = 2π（sr）

不管半徑是 1m 還是 100m，如果用立體角來表示圍起半球的角度，
結果都是 2π。

不論用什麼樣的半徑去算，立體角都是一樣的。因為結果一樣，用 1 去算比較
簡單。單位不管是 m、cm 還是 mm，結果也都一樣，所以單位不會影響結果。
因此我們稱半徑 =1 的球為**單位球**，和單位圓一樣，會常常用到。

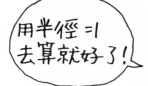

$$表面積 = \frac{4·π·1^2}{2}$$

$$= 2π$$

$$立體角 = \frac{表面積}{半徑^2}$$

$$= \frac{2π}{1^2}$$

$$= 2π（sr）$$
球面度

$$表面積 = \frac{4·π·2^2}{2}$$

$$= 8π$$

$$立體角 = \frac{表面積}{半徑^2}$$

$$= \frac{8π}{2^2}$$

$$= 2π（sr）$$
球面度

Q 把半徑 r 的半球放在水平面上，自正上方照射平行光線時，在水平面上形成的
陰影面積是多少？

A πr^2

半球的陰影是圓，所以圓的面積 πr^2，即半球形成的陰影面積。
像這樣用平行光線求出在平面上形成的陰影面積，稱為**投影**或**投射**。

Q 能將半球內所有方向一次入鏡的是什麼鏡頭？

A 魚眼鏡頭。

🔲 魚眼鏡頭可以一次捕捉半球所有方向的影像，亦即水平 360°、垂直 180°範圍內的照片。用魚眼鏡頭拍攝的照片，可以顯示建築物遮蔽了多少天空。

由半球的中心看景色，景色會先投影在球面上，然後再垂直投影到半球的底面。而半球底面的景色，就是魚眼鏡頭的照片內容了。

實際上的魚眼鏡頭更為複雜，必須經過修正，才能成為具數學性的製圖法。

4

弧度與立體角

Q 何謂立體角投射（立體角投影）？

A 是指被某種形狀立體角圍起來的範圍，由半球面上的投影圖投射至底圓上，或是指投影在底圓上的該圖形。

魚眼鏡頭拍攝的照片，就是利用此原理，將水平面以上的全視野，投影到圓上。將某種形狀先投影到半球面上，再讓半球上的圖投影到正下方的水平面上。

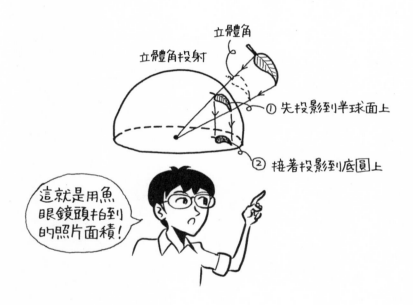

立體角

立體角投射

① 先投影到半球面上

② 接著投影到底圓上

這就是用魚眼鏡頭拍到的照片面積！

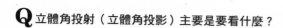

Q 立體角投射（立體角投影）主要是要看什麼？

A 投影的面積

立體角投射是指將某種形狀（S）投影在半球上，再把半球的投影圖（S'）投影至底圓上成為 S"。一般來說，通常我們重視的是投影在底圓上的面積。

而 S" 占底圓面積多少比例，也就等同於該形狀在整個視野中占了多少面積。

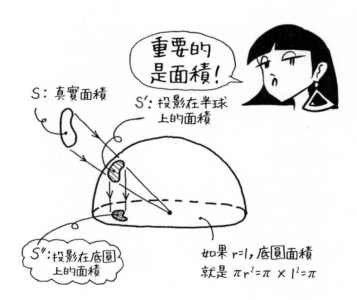

Q 投影立體角的公式是什麼？

A (立體角投影在底圓上的面積)/(底圓面積)

如果以魚眼鏡頭拍出的照片為例，即是照片中該形狀的投影占了多少比例的面積。如果是 50%，就是指占了照片一半的面積。

換句話說，這就是指某個形狀在整個視野中，占了多少比例的面積。如此一來，便可用數字來表達大樓給人的壓迫感、天空的寬闊感、窗戶帶來的開放感等。

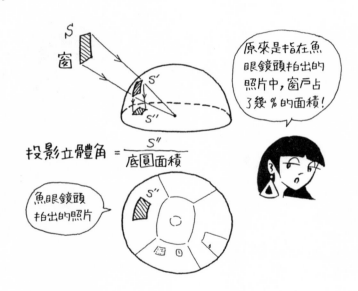

Q 由道路上計算大樓的投影立體角，表示的是什麼？

A 表示大樓面積占全視野的比例，也就是大樓給人的壓迫感。

用魚眼鏡頭拍出的照片中，大樓所占的面積比例就是投影立體角。大樓占的面積越大，就表示給人的壓迫感越大。

這就是**把大樓給人的壓迫感，用投影立體角加以量化**。

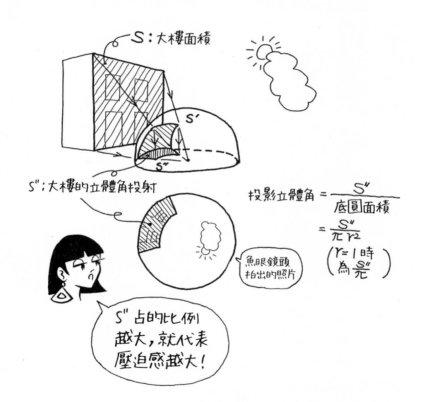

4

弧度與立體角

Q 站在道路上計算大樓之外天空的投影立體角，表示的是什麼？

A 表示天空面積占整個視野的比例，也就是開放感。

用魚眼鏡頭拍出的照片中，大樓面積以外的天空面積比例，就是天空的投影立體角。天空占的面積越大，就表示開放感越大。

也就是把天空帶來的開放感，以投影立體角加以量化。即上一回合大樓投影立體角的相反，**天空的投影立體角也稱為天空率**，在日本的建築基準法中也有相關規定。其規定是以某一棟大樓為主，假設除此大樓以外都是天空（亦即沒有其他建築物）時，計算天空率。當天空率在一定數值以上時，判斷該大樓給人的壓迫感少，而允許興建。

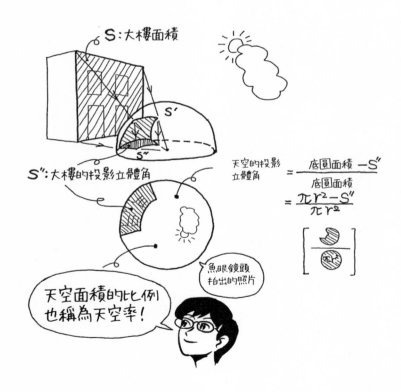

Q 由室內計算窗戶的投影立體角，表示的是什麼？

A 表示窗戶占整個視野的面積比例，也就是光線透過窗戶射入房間地面的效果。

◻ 用魚眼鏡頭拍出的照片中，窗戶所占的面積比例就是投影立體角。窗戶占的面積越大，就表示可以打進房間地面的光線越多。

窗戶的投影立體角 = $\dfrac{S''}{\text{底圓面積}}$

魚眼鏡頭拍出的照片

可以知道光線透過窗戶射至房間地面的效果！

4

弧度與立體角

Q 窗戶面積的投影立體角，相當於射入光線的效果與何種情形比較？

A 等於是光線透過窗戶射到房間地面的效果，和沒有建築物時整片天空的光線射至地面的效果。

假設天空的光線都是一樣的，暫時先不考慮來自太陽的直射光線。如果去掉建築物，光就會照射到整個半球面。然後再投影到水平面，形成底圓全部的面積。

另一方面，用魚眼鏡頭拍攝進入窗戶的光線，就會形成立體角投影的面積。所以求出窗戶的投影立體角，就等於是比較光線透過窗戶進入的效果，和接收整片天空光線的效果。

這個比例稱為**畫光率**（Daylight Factor），顯示接收來自天空的光線比例，或者也是相對於整片天空的光線，房間地面有多亮。一般用於由窗戶大小來求桌上照度時等情形。

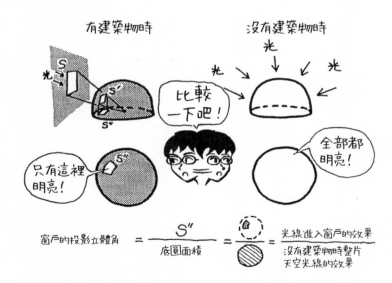

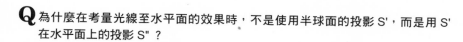

Q 為什麼在考量光線至水平面的效果時，不是使用半球面的投影 S'，而是用 S' 在水平面上的投影 S"？

A 因為想要知道光線至水平面的效果，只有光入射時的垂直分量有效，因此計算時必須使用立體角投射的面積。

如果有點看不懂，也不用太在意，先接著看下去吧。

我們在表面上看到的是半球面上的投影面積 S'，不過事實上要求的是光線到水平面的效果。

完的水平光對水平面的效果為 0。垂直光對水平面的效果為 100%。假設光的強度為 F，$F \cos\theta$ 就是垂直分量。只有 $F \cos\theta$ 的部分能被水平面接收。

我們利用下圖來考量半球面上的小面積 S' 與投影 S" 的關係。$S" = S'\cos\theta$。球面上的面積投影到水平面上時，就要乘上 $\cos\theta$。

換句話說，投影到水平面的面積 S" 之比例，也就等於是光量的 $\cos\theta$ 部分。如果 S" 變成 2 倍，亦即到達水平面的光量是 2 倍。因此此時必須使用投影立體角。

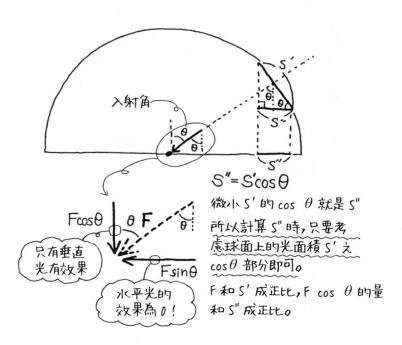

$$S" = S'\cos\theta$$

微小 S' 的 $\cos\theta$ 就是 S"

所以計算 S" 時，只要考慮球面上的光面積 S' 之 $\cos\theta$ 部分即可。

F 和 S' 成正比，$F \cos\theta$ 的量和 S" 成正比。

入射角

θ θ

$F\cos\theta$ θ F θ

只有垂直光有效果

$F\sin\theta$

水平光的效果為 0！

4

弧度與立體角

Q 何謂向量？

A 同時具備大小與方向的量。

🧊 舉例來說，朝東北「方向」移動 5m 的「長度」，因為同時具備 5m 的「大小」（長度也是大小的一種），和東北方的「方向」，所以這就是向量。

同樣地向南移動 10m、向東移動 100km 等，也都是向量。當我們說到移動時，加上方向，會比只提到 5m 還來得好用。

向北走 10m，再向南走 5m。總共行走距離是 15m，但實際位移只有 5m。這是方向造成的影響。所以不能只講大小，也要同時講方向。

向量不只和結構學中的力有關，也和光、熱、風速等有關，可以說是建築基礎中的基礎。高中沒有好好上課的人，可要利用這個機會好好學會啊。

Q 如何用向量的符號，來表示由 A 點移動到 B 點？

A $\overrightarrow{AB}$

🔲 由 A 點移動到 B 點，是同時具備大小與方向的量，所以是向量。由 A 到 B 的
　　向量符號，就照順序寫成 $\overrightarrow{AB}$。

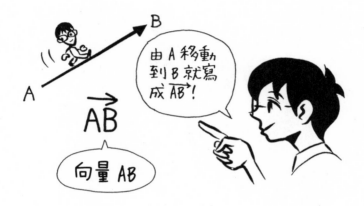

5

向量

Q 由A移動到B，然後又由B移動到C。如果用向量的公式來表示這個移動的話？

A $\overrightarrow{AB} + \overrightarrow{BC} = \overrightarrow{AC}$

移動是同時具備大小與方向的向量。

由A移動到B，再由B移動到C，結果等於是由A移動到C。這就是向量的加法。

向量的加法就像這個例子，將向量的起點與終點依序相連，結果變成由一開始的起點連到最後的終點。

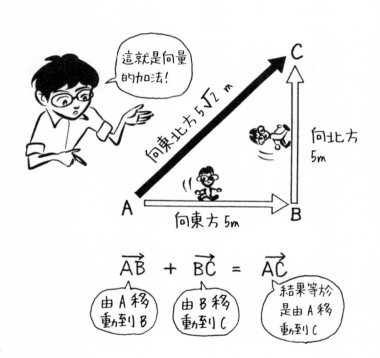

Q 由 A 移動到 B，再由 B 移動到 C、接著由 C 移動到 D、然後由 D 移動到 E，最後由 E 移動到 F。如何用向量的公式來表示此移動？

A $\overrightarrow{AB} + \overrightarrow{BC} + \overrightarrow{CD} + \overrightarrow{DE} + \overrightarrow{EF} = \overrightarrow{AF}$

由 A 開始依序移動，最後到達 F 時，將各個向量加總後，就會得到最終的結果向量 $\overrightarrow{AF}$。

像這樣把向量的終點和起點（箭號的頭和尾）相連，就可以進行向量的加總計算。

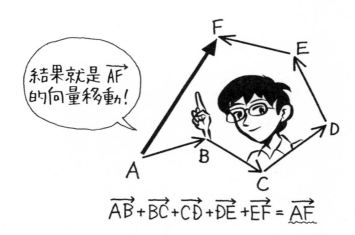

5

向量

Q 如果將向量平行移動的話，向量會改變嗎？

A 還是一樣。

 向量是同時具備大小與方向的量。平行移動向量時，大小與方向不會改變，所以是一樣的。

無論在何處向東北方移動 5m，向量都是一樣的。

由東京向東北方移動 5km，和由大阪向東北方移動 5km，雖然會到達不一樣的終點，但是若只看移動的部分，移動距離與方向都一致，所以向量是一樣的。

向東北方移動 5m 的向量，或者是向西南方移動 100km 的向量，不管是在東京、大阪還是紐約進行，向量都不變。

Q 由 A 向東移動 6m 到達 B，接著向西移動 3m 到達 C。由 A 到 C，到底是向哪裡移動了多少距離呢？

A 向東移動 3m。

🧊 雖然感覺這個結果理所當然，但這可是非常重要的概念。答案不是單純地 6m + 3m = 9m，是因為方向不一樣。

向量的加總與方向有關，所以必須將方向列入考量。請利用這個例子再想一次，向量是同時具備大小與方向的量吧。

相對於向量的概念，可以直接加總計算的量，稱為**純量（Scalar）。純量是只有大小的量，並不具備方向**。如果以上述的例子來看，就是指位移量。所以整體的位移量是 6m + 3m = 9m。

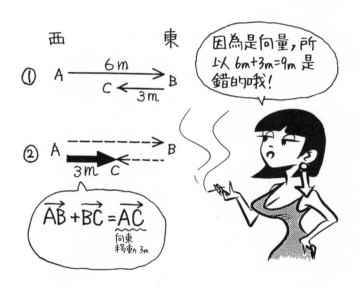

5

向量

Q 如何在圖形上表達向量的加總，亦即 $\vec{AB} + \vec{BC} = \vec{AC}$ ？

A 方法 1：連接向量（箭號）的終點與起點（箭號的頭和尾），畫出三角形的對角線。

方法 2：平行移動向量 $\vec{BC}$，將 B 移到 A，畫出平行四邊形的對角線。

前面已經以移動為例，說明了方法 1。由 A → B，加上由 B → C，結果就是由 A → C。用圖形來看，A → C 就是三角形的對角線。

如果把方法 1 做出的三角形中之向量 $\vec{BC}$，平行移動至 A，那麼向量 $\vec{AC}$ 就是平行四邊形的對角線。這就是方法 2。

向量是同時具備大小與方向的量。因此只要大小與方向相同，就是一樣的向量。換言之，平行移動是不會改變向量的。

請記住以三角形畫出對角線的方法，與以平行四邊形畫出對角線的方法。

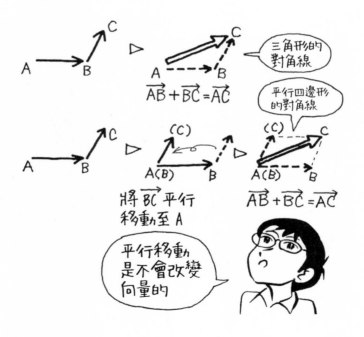

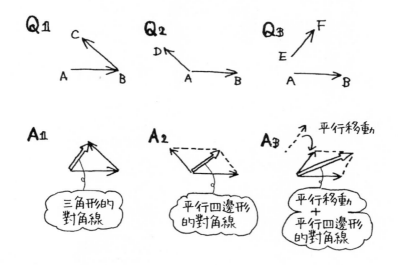

Q 1 請以下圖作出 $\overrightarrow{AB}$ + $\overrightarrow{BC}$ 的向量。

2 請以下圖作出 $\overrightarrow{AB}$ + $\overrightarrow{AD}$ 的向量。

3 請以下圖作出 $\overrightarrow{AB}$ + $\overrightarrow{EF}$ 的向量。

A 1 Q1 是三角形的對角線。只要再回想移動的例子，就比較容易了解。從 A → B，再 B → C，最後便是 A → C。

2 Q2 是平行四邊形的對角線。只要平行移動三角形一邊的向量，就可以得到平行四邊形的形狀。

3 Q3 是兩向量互不相連的形狀。但是只要平行移動後，就可以畫出平行四邊形或三角形的形狀。

5

向量

Q 有哪些與向量有關的實例？

A 移動、速度、加速度、力、力矩、熱、光、聲音等。

🔲 同時具備大小與方向的量都可以算是向量。所以如前所述，都可以用向量的概念相加。

Q 如何用坐標表示法來呈現向 x 方向移動 4，向 y 方向移動 3 的向量？

A（4,3）

用坐標來表示向量，可以將向量數值化，方便運算。
　　就是將向量分成 x 分量與 y 分量，再放入括號裡。橫向（x 方向）向右移動 4，縱向（y 方向）向上移動 3 時，可以表示成（4,3）。

5

向量

Q 向量（4,3）的大小是多少？

A $\sqrt{4^2 + 3^2} = \sqrt{25} = 5$，所以大小是 5。

🔲 根據畢氏定理，「直角三角形兩股的平方和 = 斜邊的平方」，可求出向量的大小。

Q 如何用坐標表示法來呈現向左移 3，向下移 4 的向量？

A (-3 , -4)

📦 x 方向為向右為正，向左為負；y 方向則是向上為正，向下為負。概念和坐標一樣。

向量(-3,-4)

向左移 3 為 -3，
向下移 4 為 -4，
所以是
(-3,-4)

5

向量

Q 向量（3,2）加上向量（3,4）會變成什麼？

A (3,2) + (3,4) = (6,6)

 將 x 值（x 分量）、y 值（y 分量）分別相加，就是向量的加法運算。用坐標來表示向量的話，就可以輕鬆進行向量的加法運算。

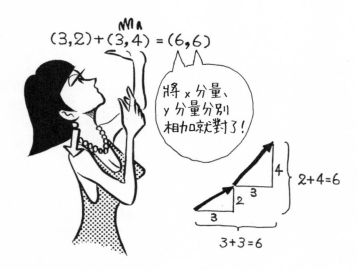

Q 向量（3,1）、向量（1,3）和向量（-1,3）相加會變成什麼？

A $(3,1) + (1,3) + (-1,3) = (3 + 1 - 1, 1 + 3 + 3) = (3,7)$

將 x 分量、y 分量分別相加，就可以不用耗費腦力地直接把向量相加。當各別向量數目多時，這是一個很簡單的方法。

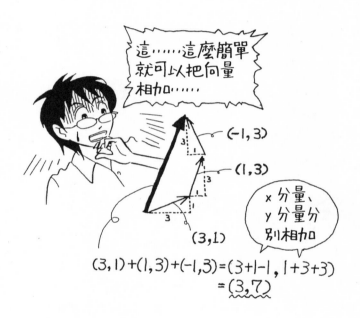

5

向量

Q 將向量（2,1）與向量（1,2）相加後，向量的大小與方向是？

A 大小為 $3\sqrt{2}$，方向為 45°。

首先將向量相加，得到 (2,1) + (1,2) = (3,3)。

假設向量大小為 a，因為 $a^2 = 3^2 + 3^2$，所以 $a = 3\sqrt{2}$。

假設此向量和 x 軸的夾角為 θ，那麼 $\tan\theta$ =（y 分量）/（x 分量）= 3/3 = 1。所以 $\tan\theta$ = 1 時，角度就是 45°。

一般求 $\tan\theta$ 時，會出現如 0.25 或 1.25 等數字。此時即可利用三角函數值表求出 0.25、1.25 的角度。用坐標法表示向量，就可以輕鬆求出向量的大小、角度。

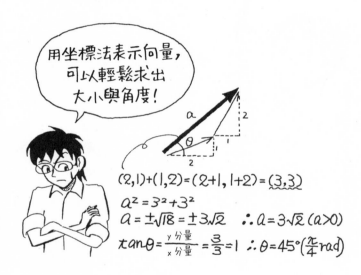

Q 由坐標上 A 點（1, 4）移動到 B 點（4, 2）的向量是多少？

A（3, -2）

用 B 點坐標減去 A 點坐標，即可算出向量 $\overrightarrow{AB}$。

$$(4, 2) - (1, 4) = (4-1, 2-4) = (3, -2)$$

因此，向量 $\overrightarrow{AB}$ =（3, -2）。

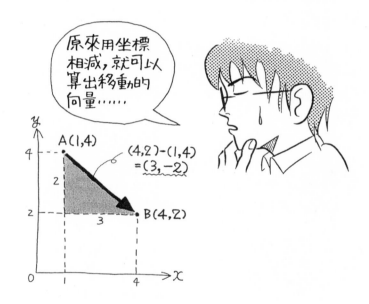

Q 如何用向量 $\overrightarrow{OB}$ = (4,2) 減去向量 $\overrightarrow{OA}$ = (1,4)？

A $\overrightarrow{OB}$ - $\overrightarrow{OA}$ = (4,2) - (1,4) = (4-1,2-4) = (3,-2)

 和上一回合求由 A 到 B 的向量 $\overrightarrow{AB}$，幾乎是一樣的坐標相減計算公式。
向量的減法也是用 x 分量減 x 分量、y 分量減 y 分量求出。

A 點坐標（1,4）同時也是向量 $\overrightarrow{OA}$ 的分量。同樣的 B 點坐標（4,2）同時也是
向量 $\overrightarrow{OB}$ 的分量。

向量 $\overrightarrow{AB}$ 可以用 $\overrightarrow{OB}$-$\overrightarrow{OA}$ 求出。這是因為

$$\overrightarrow{OA} + \overrightarrow{AB} = \overrightarrow{OB}$$

將等號左邊的 OA 移到等號右邊，就變成

$$\overrightarrow{AB} = \overrightarrow{OB} - \overrightarrow{OA}$$

坐標也就是向量的分量，所以坐標間的向量變化可以用向量相減求出。先記住
這二點吧！

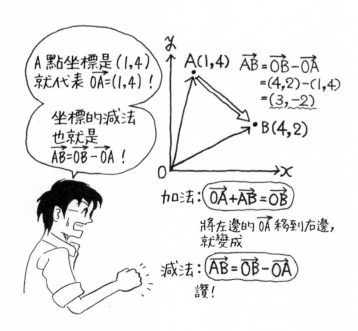

Q 如何以向量 $\overrightarrow{OX}$、$\overrightarrow{OY}$ 來表示向量 $\overrightarrow{XY}$ ？

A $\overrightarrow{XY} = \overrightarrow{OY} - \overrightarrow{OX}$

📦 用向量來表示「由 O 點移動到 X 點，再由 X 點移動到 Y 點，就等於由 O 點移動到 Y 點」，如下方公式：

$$\overrightarrow{OX} + \overrightarrow{XY} = \overrightarrow{OY}$$

這是向量的加法。把左邊的 $\overrightarrow{OX}$ 移到右邊後，就進行向量的減法：

$$\overrightarrow{XY} = \overrightarrow{OY} - \overrightarrow{OX}$$

請先記住「箭號 = 前 - 後」。不論是向量還是坐標，都是前（箭頭尖端）減後（尾端）。

5

向量

Q X 坐標為（3,1），Y 坐標為（1,3）時，向量 $\overrightarrow{XY}$ 是？

A $\overrightarrow{XY} = \overrightarrow{OY} - \overrightarrow{OX} = (1,3) - (3,1) = (1-3, 3-1) = (-2,2)$

坐標與向量計算方式也都一樣，「箭號 = 前 - 後」。
因為坐標也就是以原點 O 為起點的向量分量。

Q 如何用 X 方向的向量 $\overrightarrow{OX}$，與 Y 方向的向量 $\overrightarrow{OY}$，來表示向量 $\overrightarrow{OA}$ = (4,3)？

A $\overrightarrow{OA}$ = (4,3) = (4,0) + (0,3)

所以 $\overrightarrow{OX}$ = (4,0)，$\overrightarrow{OY}$ = (0,3)。

向量 $\overrightarrow{OA}$ 的 X 分量，也就是 X 方向的向量 $\overrightarrow{OX}$ 之大小，向量 $\overrightarrow{OA}$ 的 Y 分量，也就是 Y 方向的向量 $\overrightarrow{OY}$ 之大小。

$$\overrightarrow{OA} = \overrightarrow{OX} + \overrightarrow{OY}$$

因此，用 X 方向與 Y 方向「二個向量相加」來表示，指的也就是將向量分解成 X 方向與 Y 方向。將向量分解成 X 方向、Y 方向是很常見的用法。

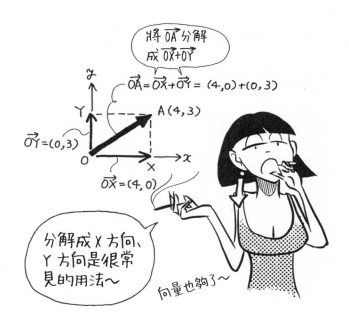

5

向量

Q 力的三要素是什麼？

A 大小、方向、作用點。

🎁 具備大小與方向的可以是力，也可以是向量。但如果是力，則還要再加上作用點。

Q 1 平行移動向量的話，向量會改變嗎？

2 平行移動力的話，力會改變嗎？

A 1 不改變。

2 改變。

向量是「同時具備大小與方向的量」，所以只要大小與方向相同，就是一樣的向量。因此平行移動向量後，會得到相同的向量。

舉例來說，不論從哪裡向北移動 5m，都是方向與大小相同的移動。

而另一方面，力是由「大小、方向、作用點」三要素來決定。三要素必須全部相同，才是一樣的力。力在平行移動後，作用點就不一樣了。

即使向量相同，若是作用點不同，就變成不一樣的力了……

500gf

500gf

500gf

6

力

Q 什麼情形下在移動之後，也可得到相同的力？

A 在作用線（力的向量的延伸線）上移動時。

在作用線上移動後，力也能發揮相同的效果。這是因為是一樣的力。
簡單地說作用線就好像是拉一條繩子。不管在繩子的哪個位置拉，效果都一
樣。此時繩子就是作用線。

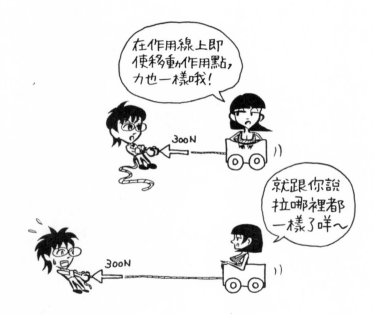

Q 何謂力矩？

A 旋轉物體的作用、能力。可以用力 × 力臂來計算。

旋轉的作用
就是力矩哦！

力矩＝ 力× 力臂
　　＝ F×a

Q 1 力為 10N，力臂為 10cm 時，力矩是多少？
　　2 力為 10N，力臂為 20cm 時，力矩是多少？

A 1 力矩 = 力 × 力臂 = 10N×10cm = 100N・cm（ = 1N・m）
　　2 力矩 = 力 × 力臂 = 10N×20cm = 200N・cm（ = 2N・m）

📦 在距離旋轉中心越遠的地方施力，力矩就會越大。

　　比方說轉扳手時，手儘量握在外側，力矩就會較大，即使施相同的力，也可以轉得比較輕鬆。

　　力矩是力 × 距離，所以單位是 N・cm（牛頓公分），或 N・m（牛頓公尺）等。

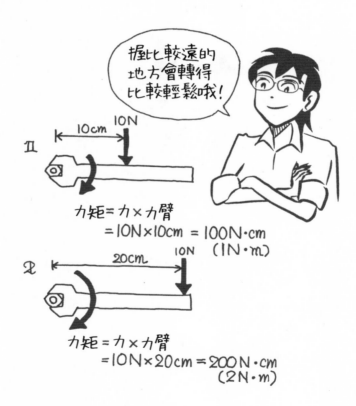

Q 翹翹板的兩端分別坐著 50kg 和 100kg 的人。50kg 的人坐在離支點（中心）2m 的位置時，100kg 的人要坐在離支點幾 m 的位置，翹翹板才會平衡？

A 1m

當支點兩端的力矩均衡，互相抵銷變成 0 時，翹翹板就不會轉動而呈水平。下圖中質量 50kg 的重力為 50kgf。50kgf 的力在支點右方要向右旋轉的力矩是

向右旋轉的力矩 ＝ 50kgf×2m = 100kgf・m

而另一方面，100kgf 的力在支點左方 x m 處，要向左旋轉的力矩是

向左旋轉的力矩 ＝ 100kgf×xm = 100$x$kgf・m

這二個力矩相等時，會互相抵銷，如同沒有力矩的狀態。沒有力矩就沒有旋轉的作用，所以翹翹板就不會轉動而呈水平。當二者相等時，如下

100x = 100，所以 x = 1（m）

由此可知 100kg 的人坐在離支點 1m 的位置即可。

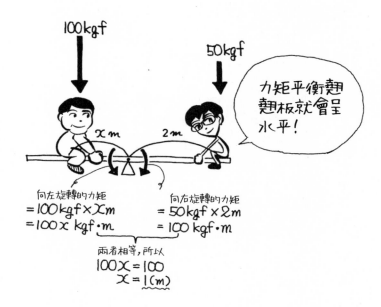

6

力

Q A 用 50kgf 的力推 B 時，A 會從 B 受到什麼力？

A A 會受到來自 B，在同一作用線上方向相反的 50kgf 力。這就是所謂作用力產生的反作用力，稱為反作用力定律。

一物體受外力作用時，一定會產生反作用力，作用力與反作用力在同一直線上，大小相等，方向相反。

「作用力與反作用力」為作用在不同物體上的力，不能抵銷，而「作用力平衡」則是作用在同一物體上的力。

這二種力很容易搞錯，其實只要記住「**作用力與反作用力是施於不同物體上的力**」，「**作用力平衡則是施於同一物體上的力**」就可以了。

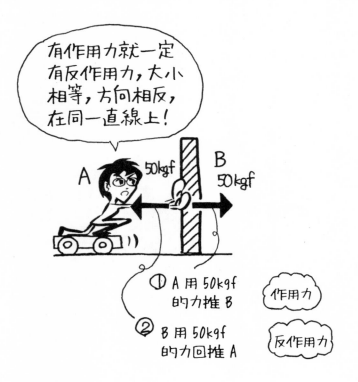

有作用力就一定有反作用力，大小相等，方向相反，在同一直線上！

① A 用 50kgf 的力推 B　作用力

② B 用 50kgf 的力回推 A　反作用力

Q 物體靜止時，它受到什麼樣的外力？

A 因為它靜止不動，所以沒有受到外力，或是受到的外力已經相互平衡抵消。

對物體施力，就會產生和力同方向的重力加速度。因此當物體靜止時，代表物體沒有移動、沒有受到外力，或受到的外力已經相互平衡抵消。

當合力平衡時，會互相抵消，好像沒有受到外力一樣，因此不會產生加速度。等速度運動的物體也沒有加速度，所以它也是受力均衡的。

建築主要處理的都是靜止物體。也就是說不管在哪裡，合力都是平衡的。結構公式也幾乎都是在合力平衡的條件下導出的。

合力平衡代表力沒有產生作用，不會有加速度，呈靜止狀態。但是內部還是有力的傳遞，所以物體有可能會產生變形等。我們會另行討論在內部作用的力。

平衡……也就代表力沒有作用啦！

6

力

Q 某物體承受向右 50N 的力，和向左 50N 的力。如果此二力不在同一直線上
（平行時），物體會發生什麼變化？

A 會旋轉。

如果向左、向右的大小相同，單就 x 方向（橫向）是合力平衡的。但因力作用
在非同一直線上且互相平行，就會產生力矩。

下圖中假設兩力都分別在距離中心 xm 處。力矩各為 $50\text{N} \times x\text{m} = 50x\text{N} \cdot \text{m}$，
二者相加就變成 $100x\text{N} \cdot \text{m}$。

大小相同、方向相反，且作用在非相同直線上的兩平行力，稱為力偶。力偶可
以當成是力矩的特別版。

當作用力狀態為力偶時，若只考慮到 x、y 方向（橫、縱方向）上的作用力，
則合力為 0，所以也常會以為是合力平衡的。但是因為有力矩，所以物體會旋
轉。因此在考量合力是否平衡時要注意到力偶。

力偶的大小可以用一邊的力大小 × 兩者距離算出。不論將中心設在哪裡，力
偶矩的大小都是一樣的。

Q 某個物體承受了由左向右的 5N 作用力，與由右向左的 5N 作用力，此二力平行並相距 2m。那麼力偶矩的大小是多少？

A 力偶矩 = 一邊的力大小 × 兩者距離 = 5N×2m = 10N・m

若是支點位於 O 點的力偶矩，那麼二作用力距離支點各為 1m，所以

O 點的力偶矩 = 5N×1m + 5N×1m = 10N・m

若是支點位於 A 點的力偶矩，那麼由左向右的力，其力偶臂為零，所以力偶矩也是零。而由右向左的力，其力偶臂為 2m，所以

A 點的力偶矩 = 5N×2m = 10N・m

不論支點是 O 點還是 A 點，力偶矩大小都一樣。
因此力偶不論以哪裡為中心，力偶矩都是一樣的。

6

力

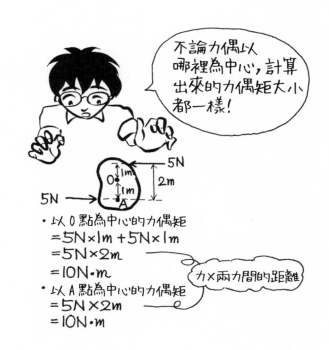

Q 假設我們將某物體承受的外力，全部分解成 x 方向與 y 方向。那麼物體靜止不動的條件是什麼？

A x 方向的合力 $= 0$（x 方向的合力平衡）
y 方向的合力 $= 0$（y 方向的合力平衡）
任意點的力矩和 $= 0$（力矩平衡）

x、y、M（力矩）這三者皆為 0，三者皆合力平衡是物體靜止不動的條件。只有 x、y 方向合力平衡時，就會有力偶，無法靜止不動。

即使 x 方向的合力 $= 0$，且 y 方向的合力 $= 0$，只要力的作用線不在同一直線上，就會發生力偶。力偶會讓物體旋轉。

為了達到沒有力偶的條件，還必須讓**力矩和** $= 0$。至於是以哪裡為中心的力矩，都沒關係。只要適當選擇一個任意點，求出力矩和，確認是 0 即可。

Q 直角三角形的兩股長比例為 3：4 時，斜邊長是多少？

A 5

3：4：5 是著名的直角三角形邊長比。
由畢氏定理可知，

$$3^2 + 4^2 = 9 + 16 = 25 = 5^2$$

所以斜邊長是 5。
要記住 3：4：5 的邊長比。

7

三角形的比例

Q 直角三角形兩股長為 a、b，斜邊長為 c 時，a、b、c 的關係是什麼？

A $a^2 + b^2 = c^2$

這就是畢氏定理。

邊長為 a 的正方形面積 A，和邊長為 b 的正方形面積 B，以及邊長為 c 的正方形面積 C，具有下方公式的簡單關係。

$$A + B = C$$

（下一回合再來證明）。A 是 a 的平方，B 是 b 的平方，C 是 c 的平方，這也是畢氏定理的基本原則。

原本記不太清楚的人，利用這個機會好好地記住它吧。

Q 前一回合的畢氏定理中提到正方形的面積 A + B = C，要怎麼證明呢？

A 將 C 分割成 C_1、C_2，如圖 1，證明 $A = C_1$、$B = C_2$。

🔲 在圖 2 中，只要證明三角形面積 D 與 E 相等的話，就可以證明它們的二倍面積 A 與 C_1 相等了。

　在圖 3 中，移動三角形 E 的頂點成為 E'，因為底邊相同、高不變，所以面積相同。因此 E = E'。

　在圖 4 中，三角形 E' 與轉動後的 E"，為相同形狀與大小（全等）的三角形，所以面積相同。因此 E' = E"。

　在圖 5 中，移動三角形 E" 的頂點成為 D，因為底邊相同、高不變，所以面積相同。因此 D = E"。

　由此即可證明 D = E，亦即 $A = C_1$。同理可證 $B = C_2$，所以 A + B = C，這也是 $a^2 + b^2 = c^2$ 的畢氏定理證明。

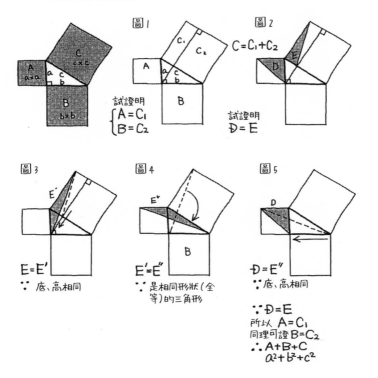

Q 1 兩銳角分別為 30°、60°的直角三角形之邊長比是多少？

2 兩銳角皆為 45°的直角三角形之邊長比是多少？

A 1 $1 : 2 : \sqrt{3}$

2 $1 : 1 : \sqrt{2}$

這是著名的直角三角形比例。就是 1、2、3 這幾個很簡單的數字比例。

和 3：4：5 一起熟記吧！

這二種直角三角形分別是切一半的正三角形和正方形。圖形簡單，也有單純的比例。

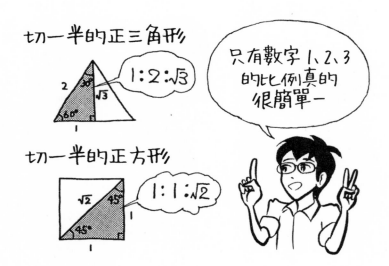

Q 1 何謂 $\sqrt{2}$ ？

　　2 何謂 $\sqrt{3}$ ？

A 1 $\sqrt{2}$ 就是平方後會變成 2 的數字。$\sqrt{2} \fallingdotseq 1.41421356$。

　　2 $\sqrt{3}$ 就是平方後會變成 3 的數字。$\sqrt{3} \fallingdotseq 1.7320508$。

平方之後會變成 2 的數字就稱為 2 的平方根。2 的平方根有二個，一個是正數「$\sqrt{2}$」，一個是負數「$-\sqrt{2}$」。負數的平方會變成正數，所以有二個平方根。
　　平方根與根號，嚴格來說是不一樣的。實務上（工程學）來說，只要記得根號 2 就是平方之後會變成 2 的數字就 OK 了。

Q 斜邊長為 1 的 45°直角三角形，兩邊長分別是多少？

A $\sqrt{2}/2$

三邊長比例為 $1:1:\sqrt{2}$ 的三角形，當比例是 $\sqrt{2}$ 的斜邊長度為 1 時，邊長長度必須計算一下。假設其他兩邊長各為 x，就可以寫出以下比例式。

$$1:\sqrt{2} = x:1$$

根據**內項乘積 = 外項乘積**的原理，計算比例式。

$$\sqrt{2}x = 1$$

所以 $x = 1/\sqrt{2}$。雖然寫到這裡就算正確解答了，可是分母是 $\sqrt{2}$ 很難計算出數值結果。像 $\sqrt{2}$ 或 1.41414……這種循環小數，就稱為**無理數**。當分母是無理數時，我們可以將它化成有理數。這就稱為**分母有理化**。

要將分母有理化，只要分子與分母同時乘上 $\sqrt{2}$ 即可。當分子與分母同時乘上 $\sqrt{2}$，就和同時乘 1 一樣的，不會改變原本的數值。

$$x = 1/\sqrt{2} = \sqrt{2}/(\sqrt{2}\times\sqrt{2}) = \sqrt{2}/2$$

所以兩股長各為 $\sqrt{2}/2$。

這個比例時常在計算中出現，例如將由 45°方向施入的力 F 分成 x、y 方向的分力，結果即各為 $(\sqrt{2}/2)$F。

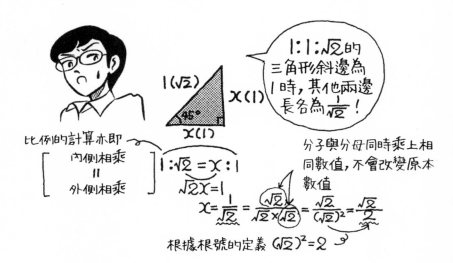

Q sin30° = ？

A sin30° = 1/2

正弦函數（sin）就是指**直角三角形的對邊 ÷ 斜邊**。知道 S 書寫體的人，可以利用它的形狀來幫助記憶。

為什麼必須有正弦函數（sin）、餘弦函數（cos），簡單來說就是因為方便。只要可以在三角函數值表中，找到某個角度的 sin、cos，就可以簡單地將該角度的施力，分解成 x、y 方向的力。

害怕 sin、cos 的人，對 sin、cos 過敏的人，就先記得 sin 吧。

7

三角形的比例

Q 1　sin45° ＝ ?

2　sin60° ＝ ?

A 1　sin45° ＝ 1/√2 ＝ √2/（√2×√2）＝ √2/2

2　sin60° ＝ √3/2

 Sin 就是**對邊 ÷ 斜邊**的比例。先畫出三角形並寫上邊長比，然後用對邊除以斜邊，就可以求出 sin。

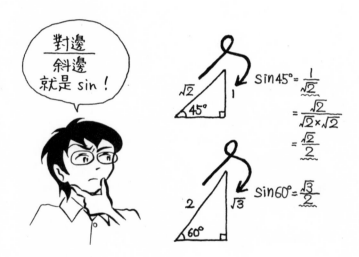

對邊
斜邊
就是 sin！

$$\sin45° = \frac{1}{\sqrt{2}}$$
$$= \frac{\sqrt{2}}{\sqrt{2}\times\sqrt{2}}$$
$$= \frac{\sqrt{2}}{2}$$

$$\sin60° = \frac{\sqrt{3}}{2}$$

$\mathbf{Q}$ cos30° = ？

$\mathbf{A}$ cos30° = $\sqrt{3}/2$

餘弦函數（cos）是**鄰邊 ÷ 斜邊**。
30°的直角三角形的鄰邊：斜邊 = $\sqrt{3}$：2，所以

$$\cos30° = \sqrt{3}/2$$

鄰邊 ÷ 斜邊的形狀就用 cos 的 C 字形來記吧。

7

三角形的比例

Q 1 cos45° = ?

2 cos60° = ?

A 1 cos45° = 1/ $\sqrt{2}$ = $\sqrt{2}$/ ($\sqrt{2}$ × $\sqrt{2}$) = $\sqrt{2}$/2

2 cos60° = 1/2

 cos 就是對**鄰邊 ÷ 斜邊**的比例。先畫出三角形並寫上邊長比，再套公式就可以求出 cos。畫出一個 C 字就不會錯了。

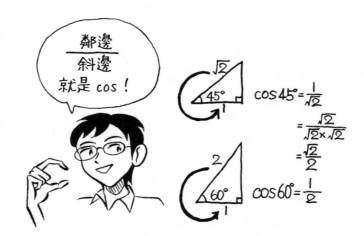

Q 直角三角形其中一個角是 30°，斜邊長是 F，那麼對邊長是？

A Fsin30°

 假設對邊為 x，就可寫出以下比例式。

F：x = 2：1

因為內項乘積 = 外項乘積，

$2x$ = F

所以 x = (1/2)F。仔細看看這個等式，就可以發現 x = (對邊 / 斜邊)×F。
因為對邊 / 斜邊就是 sin，所以

x = sin30°×F

這種寫法容易讓人將 F 和 30°混在一起，所以把 sin 移到後面，寫成

x = Fsin30°

也就是**對邊** = sin× 斜邊。所以請記住想要求出對邊，就要乘上 sin。

Q 直角三角形其中一個角是 30°，斜邊長是 F，那麼鄰邊長是？

A Fcos30°

🎁 假設鄰邊為 x，就可寫出以下比例式。

$$F : x = 2 : \sqrt{3}$$

因為內項乘積 ＝ 外項乘積，

$$2x = \sqrt{3}F$$

所以 $x = (\sqrt{3}/2)F$。仔細看看這個等式，就可以發現 $x = (鄰邊 / 斜邊) \times F$。因為鄰邊 / 斜邊就是 cos，所以

$$x = \cos 30° \times F$$

和上一回合的 sin 一樣，這種寫法容易讓人搞不清楚 F 算不算是 cos 的角度，所以會把 cos 寫在後面，

$$x = F\cos 30°$$

也就是**鄰邊 ＝ cos× 斜邊**。所以請記住想要求出鄰邊，就要乘上 cos。

Q 直角三角形的斜邊 F 和水平的交角為 θ 時，F 的水平分量、垂直分量是多少？

A F 的水平分量 ＝ Fcosθ
　　F 的垂直分量 ＝ Fsinθ

 想要求出水平分量，就要乘上 cosθ；想要求出垂直分量，就要乘上 sinθ。
利用 cosθ 的 C 字形，和 sinθ 的 S 書寫體形狀，記住要乘上什麼吧。

7

三角形的比例

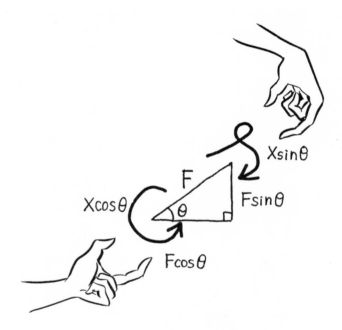

Q 相對於和桌面垂直的直線，以 θ 角度入射的光 F 之垂直分量大小是多少？

A $F\cos\theta$

 如下圖所示，只要取出像是被包圍般的 θ，並乘上 $\cos\theta$，即可求出垂直分量。所以垂直分量的大小就是 $F\cos\theta$。

一般來說，**入射角指的是入射光線與法線之間的夾角**。不論是光線或聲音，入射角都是和法線之間的夾角。所以只要乘上 $\cos\theta$ 就可以求出垂直分量。

入射角為 θ、入射光 F 之垂直分量 $= F\cos\theta$

以光為例，只有垂直進入桌面的分量才會影響桌面亮度。即使入射光的大小為 F，如果入射角不是 0，就只有 $F\cos\theta$ 的大小會影響桌面亮度。用這個容易記住的原理來加深印象吧！

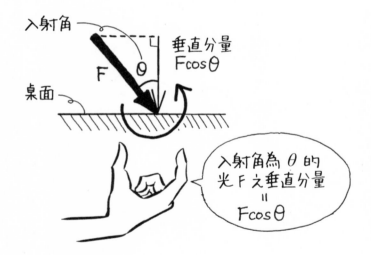

$\mathbf{Q}$ 相對於和桌面垂直的直線，以 θ 角度入射的光 F 之水平分量大小是多少？

$\mathbf{A}$ Fsinθ

如下圖所示，只要取出像是被包圍般的 θ，並乘上 sinθ，即可求出水平分量。所以水平分量的大小就是 Fsinθ。

垂直分量 = Fcosθ
水平分量 = Fsinθ

請記住**垂直分量是 cos，水平分量是 sin**。和桌面平行的光，亦即光的水平分量，完全無法照亮桌面。它是和桌面亮度無關的光。如果把斜的入射光分解成垂直與水平分量，就只有垂直分量有效。

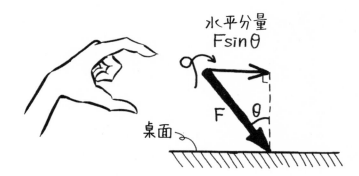

7

三角形的比例

Q tan60° =　?

A tan60° = $\sqrt{3}/1$ = $\sqrt{3}$

正切函數（tan）就是**對邊 / 鄰邊**。先畫出如下圖的三角形，再取對邊 / 鄰邊的
比例，也就是$\sqrt{3}$。
tan 就利用書寫體的 t 來幫助記憶吧。

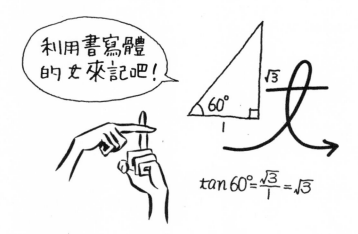

Q 計算 F 和水平夾角 θ 的 tan，結果為 1。假設 θ 介於 0 和 90°之間，請問 θ 是？

A $\theta = 45°$

$\tan\theta = 1$ 時，由下圖可知 θ 為 45°。

只要知道 F 的 x 分量和 y 分量，就可以用 $\tan\theta = (y$ 分量 $)/(x$ 分量 $)$ 算出數值。然後利用三角函數值表，找出該數值對應的角度，即可求出 θ。

先求出 $\tan\theta$，再利用數值表求出角度。由此可知，在想要求得角度時，我們經常會使用 tan。

Q 直線 $y = (1/2)x$ 的圖形中，直線與 x 軸的夾角為 θ，$\tan\theta$ 是多少？

A $\tan\theta = 1/2$

斜率 $= 1/2$，代表向 x 方向前進 2，向 y 方向前進 1。亦即 $1/2 = y/x$，而 y/x 就是 $\tan$，所以 $\tan\theta = 1/2$。
由此可知 $\tan$ 和斜率有關。
請記得 $\tan$ = **直線的斜率**。

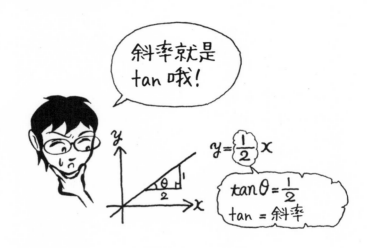

Q 在距離某樹 10m 的地點，測量樹頂與地面的夾角 θ，由三角函數值表中求出 $\tan\theta = 0.5$。那麼樹高 h 是？

A 5m

tan 就是對邊 / 鄰邊。此例中對邊 = h，鄰邊 = 10m，所以 h/10 = 0.5

      h/10 = 0.5

因此，

      樹高 h = 0.5×10 = 5m

要求高度時，只要測量角度，再利用三角函數值表求出 tan 後，乘上距離即可。

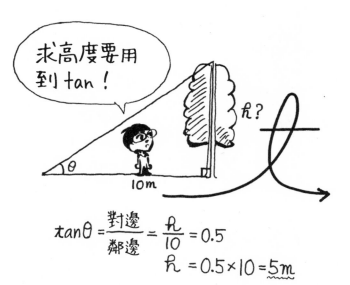

7

三角形的比例

Q 1 sin30° = ?

2 cos30° = ?

3 tan30° = ?

A 1 sin30° = 1/2

2 cos30° = $\sqrt{3}$/2

3 tan30° = 1/$\sqrt{3}$ = $\sqrt{3}$/ ($\sqrt{3}$ × $\sqrt{3}$) = $\sqrt{3}$/3

只要如下圖畫出三角形並寫上邊長比，再根據

sin = 對邊 / 斜邊

cos = 鄰邊 / 斜邊

tan = 對邊 / 鄰邊

即可求出解答。

Q 1 $2^2 \times 2^3 = 2$ 的幾次方？

　　2 $a^n \times a^m = a$ 的幾次方？

A 1 $2^2 \times 2^3 = 2^{2+3} = 2^5$

　　2 $a^n \times a^m = a^{n+m}$

2 的平方（2 次方）是 2 自乘 2 次，2 的立方（3 次方）則是 2 自乘 3 次。兩者相乘就等於 2 自乘 5 次。所以是 2 + 3 = 5 次方。

a 的 n 次方是 a 自乘 n 次，a 的 m 次方則是 a 自乘 m 次。兩者相乘就等於 a 自乘 (n + m) 次，所以是 a 的 (n + m) 次方。

8

指數與對數

只要想有幾個 2 就好了！

全部共有 (2+3) 個

$2^2 \times 2^3 =$ (2×2) × (2×2×2)

　　　　　　2 個　　3 個

$= 2^{2+3} = 2^5$

Q 1　$2^3 \div 2^2 = 2$ 的幾次方？

　　2　$a^m \div a^n = a$ 的幾次方？

A 1　$2^3 \div 2^2 = 2^{3-2} = 2^1$

　　2　$a^m \div a^n = a^{m-n}$

（2 的 3 次方）÷（2 的 2 次方），分子為 2 自乘 3 次，分母為 2 自乘 2 次。約分之後就會剩下 (3-2) 個 2，所以就是 2 的 (3-2) 次方 = 2 的 1 次方 = 2。

（a 的 m 次方）÷（a 的 n 次方），分子為 a 自乘 m 次，分母為 a 自乘 n 次。約分之後就會剩下 (m-n) 個 a，所以就是 a 的 (m-n) 次方。

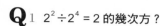

Q 1　$2^2 \div 2^4 = 2$ 的幾次方？

　　2　$a^{-n} = 1/(\quad)$?

A 1　$2^2 \div 2^4 = 2^{-2}$

　　2　$a^{-n} = 1/a^n$?

🔲 （2 的 2 次方）÷（2 的 4 次方），分子為 2 自乘 2 次，分母為 2 自乘 4 次。約分
之後分母會剩下 2 個 2，所以就是 $1/(2^2)$。

另一方面根據指數法則可知，除法可以用指數相減求出。亦即

$$2^2 \div 2^4 = 2^{2-4} = 2^{-2}$$

所以，

$$2^{-2} = 1/2^2$$

可知指數為負數時，也就是代表放在分母的意思。

同理可證 a 的 -n 次方也就是 1/（a 的 n 次方）。

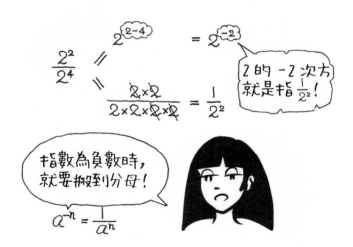

8

指數與對數

$\mathbf{Q}$ 1 $2^2 \div 2^2 = 2$ 的幾次方？

　2 $a^0 = ?$

$\mathbf{A}$ 1 $2^2 \div 2^2 = 2^0$

　2 $a^0 = 1$

底數相同的指數除法，只要將指數相減即可，所以就是

$$2^2 \div 2^2 = 2^{2-2} = 2^0$$

而（2 的 2 次方）÷（2 的 2 次方）是相同數值除以相同數值，所以答案是 1。
因此 2 的 0 次方 ＝1。為了符合指數法則，所以 0 次方必須是 1。
一般來說，**a 的 0 次方 ＝1**。先記住這一點吧！

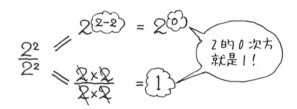

Q 1 $2^{\frac{1}{2}} \times 2^{\frac{1}{2}} = ?$

2 $2^{\frac{1}{2}} = ?$

3 $3^{\frac{1}{2}} = ?$

A 1 $2^{\frac{1}{2}} \times 2^{\frac{1}{2}} = 2^{(\frac{1}{2} + \frac{1}{2})} = 2^1 = 2$

2 $2^{\frac{1}{2}} = \sqrt{2}$

3 $3^{\frac{1}{2}} = \sqrt{3}$

當指數是分數,如 1/2 次方時,要怎麼計算才好呢?

2 的 1/2 次方自乘時,只要將指數相加即可,也就是 1/2 + 1/2 = 1 次方。2 的 1 次方就是 2 本身。

(2 的 1/2 次方)×(2 的 1/2 次方)是相同數值自乘。相同數值自乘後結果為 2,且為正數時,則該數值為$\sqrt{2}$。

所以 2 的 1/2 次方就是$\sqrt{2}$。

同理可證 3 的 1/2 次方就是$\sqrt{3}$。

8

指數與對數

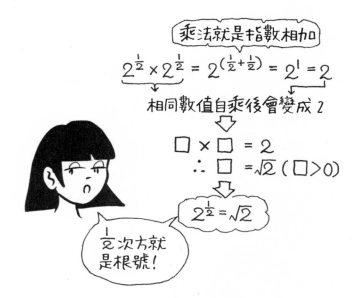

Q 1 $2^{\frac{1}{3}} \times 2^{\frac{1}{3}} \times 2^{\frac{1}{3}}$ = ?

　　2 $2^{\frac{1}{3}}$ = ?

　　3 $8^{\frac{1}{3}}$ = ?

A 1 $2^{\frac{1}{3}} \times 2^{\frac{1}{3}} \times 2^{\frac{1}{3}} = 2$

　　2 $2^{\frac{1}{3}} = \sqrt[3]{2}$

　　3 $8^{\frac{1}{3}} = \sqrt[3]{8} = 2$

乘法就是將指數相加，所以 2 的 1/3 次方自乘 3 次，就會變成 2 的 1 次方 = 2。

$$2^{\frac{1}{3}} \times 2^{\frac{1}{3}} \times 2^{\frac{1}{3}} = 2^{\left(\frac{1}{3}+\frac{1}{3}+\frac{1}{3}\right)} = 2^1 = 2$$

相同數值自乘 3 次結果為 2，所以該數值為 **3 次根號 2**。**3 次根號 2 是指自乘 3 次會等於 2 的數**。因此，2 的 1/3 次方就是 3 次根號 2。

$$2^{\frac{1}{3}} = \sqrt[3]{2}$$

同理可證 8 的 1/3 次方就是 3 次根號 8。自乘 3 次會等於 8 的數就是 2，所以 3 次根號 8 就是 2。

$$8^{\frac{1}{3}} = \sqrt[3]{8} = \sqrt[3]{2^3} = 2$$

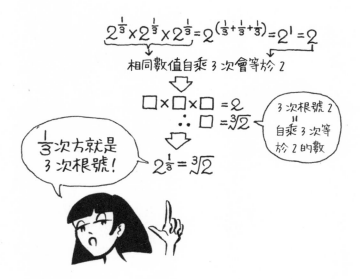

$$\mathbf{Q}\, 4^{\frac{3}{2}} = ?$$

$$\mathbf{A}\, 4^{\frac{3}{2}} = 8$$

4 的 3/2 次方就是（4 的 3 次方）的 1/2 次方。首先先來想一下（4 的 3 次方）的 1/2 次方。（4 的 3 次方）的 1/2 次方自乘 2 次，就是

$$\left(4^3\right)^{\frac{1}{2}} \times \left(4^3\right)^{\frac{1}{2}}$$

而乘法就是指數相加，所以

$$\left(4^3\right)^{\frac{1}{2}+\frac{1}{2}} = \left(4^3\right)^1 = 4^3$$

換句話說，（4 的 3 次方的 1/2 次方）自乘 2 次，就是 4 的 3 次方。自乘 2 次會變成（4 的 3 次方）的數值，就是根號（4 的 3 次方）。結論就是 1/2 次方就是根號。

$$\left(4^3\right)^{\frac{1}{2}} = \sqrt{4^3}$$

4 的 3 次方是 64，所以

$$\sqrt{4^3} = \sqrt{64} = \sqrt{8^2} = 8$$

而 3/2 次方就是 3 次方的 1/2 次方，亦即 3 次方的根號。

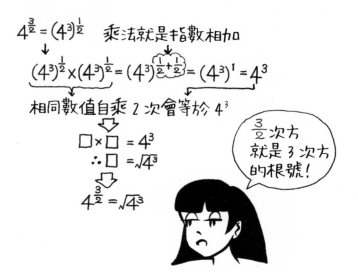

Q 1 $(4^3)^{\frac{1}{2}}$ = ?

2 $(4^{\frac{1}{2}})^3$ = ?

A 1 $(4^3)^{\frac{1}{2}} = 64^{\frac{1}{2}} = \sqrt{64} = 8$

2 $(4^{\frac{1}{2}})^3 = (\sqrt{4})^3 = 2^3 = 8$

延續上一回合，3/2 次方不論是 3 次方在前，或 1/2 次方在前，結果是一樣的。
也就是說 3/2 次方 ＝（3×1/2）次方 ＝（1/2×3）次方，是可以互換的。

$\mathbf{Q}$ $\log_{10}100 = $?

$\mathbf{A}$ $\log_{10}100 = 2$

📦 $\log_{10}100$ 就是指 10 的幾次方會等於 100。也可以說成是「有幾個 0」。10 自乘 2 次等於 100，所以 $\log_{10}100 = 2$。

$\log_{10}x$ 表示 10 的幾次方會等於 x，亦即以 10 為底的對數，這就是對數當中的**常用對數**，如字面所述，是最常用的對數。常用對數常省略不寫。

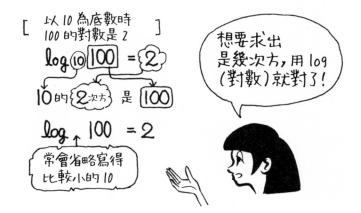

8

指數與對數

Q 以下的常用對數值是多少？

log10 = ?　log100 = ?　log1000 = ?

log10000 = ?　log100000 = ?

A log10 = 1　log100 = 2　log1000 = 3

log10000 = 4　log100000 = 5

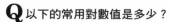 常用對數 log$x$ 就是要求出 10 的幾次方會等於 x。x = 1000 時就是 3 次方，
x = 10000 時就是 4 次方。也就等於是有幾個 0。

Q $\log_2 8 = $?

A $\log_2 8 = 3$

🔲 $\log_2 8$，也就是 2 的幾次方會等於 8。因為 2 的 3 次方等於 8，所以

$$\log_2 8 = \log_2 2^3 = 3$$

$$\log_2 1 = \log_2 2^0 = 0$$

$$\log_2 2 = \log_2 2^1 = 1$$

$$\log_2 4 = \log_2 2^2 = 2$$

$$\log_2 8 = \log_2 2^3 = 3$$

$$\vdots$$

Q $\log_2 16 = ?$　　$\log_3 9 = ?$　　$\log_4 64 = ?$

　　$\log_5 25 = ?$　　$\log_6 6 = ?$

A $\log_2 16 = 4$　　$\log_3 9 = 2$　　$\log_4 64 = 3$

　　$\log_5 25 = 2$　　$\log_6 6 = 1$

$\log_a b$ 就是要求出 a 的幾次方會等於 b。a 被稱為**底數**。以 10 為底數的對數就是常用對數，除了 1 之外的任何正數，都可以為底，如本回合題目所示。

$\mathbf{Q}$ 以下對數是以 10 為底數的常用對數。

如何用 log 的加法來表示 log（10×100）？

$\mathbf{A}$ log10 + log100

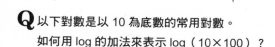 因為 log（10×100）= log1000，也就是 1000 是 10 的幾次方。而 10 的 3 次方等於 1000，所以

　　　log1000 = 10 的幾次方是 1000 ？ = 3

另外，因為

　　　log10 = 10 的幾次方是 10 ？ = 1
　　　log100 = 10 的幾次方是 100 ？ = 2

可知

　　　log（10×100）= log10 + log100

log 表示是 10 的幾次方，次方的乘法是用指數相加，所以 log 會變成相加。

8

指數與對數

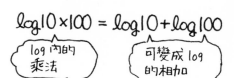

Q 以下對數是以 10 為底數的常用對數。

如何用 log 的減法來表示 log（100/10）？

A log100 - log10

因為 log（100/10）= log10，也就是 10 是 10 的幾次方。而 10 的 1 次方等於 10，所以

$$log（100/10）= log10 = 1$$

另外，因為

$$log100 = 10 的幾次方是 100？= 2$$
$$log10 = 10 的幾次方是 10？= 1$$

可知

$$log（100/10）= log100 - log10$$

log 即為 10 的幾次方，次方的除法是以指數相減，也就是 log 相減。

$$\begin{cases} \log \dfrac{100}{10} = \log 10 = \underline{10 \text{ 的幾次方是 } 10?} = 1 \\ \log 100 - \log 10 = (\underline{10 \text{ 的幾次方是 } 100?}) - (\underline{10 \text{ 的幾次方是 } 10?}) \\ \qquad\qquad\qquad = 2 - 1 = 1 \end{cases}$$

$$\log \dfrac{100}{10} = \log 100 - \log 10$$

log 內的除法　　可變成 log 的相減

Q 以 10 為底數的常用對數。

　　1 如何將 log（100×1000）分解成對數的和？

　　2 如何將 log（1000/10）分解成對數的差？

A 1　log（100×1000）= log100 + log1000

　　2　log（1000/10）= log1000 - log10

⬚ log 內的乘法，可以分解成 log 的相加。log 內的除法，可以分解成 log 的相減。
　　與其死背理論，不如實際多練習幾次，讓自己熟練比較快。

乘法分解成相加

$$\log 100 \times 1000 = \log 100 + \log 1000 = 2+3 = 5$$

$$\log \frac{1000}{10} = \log 1000 - \log 10 = 3-1 = 2$$

除法分解成相減

多多多練習來
習慣 log 吧！

8

指數與對數

Q 1　log (1/100) =　?

　　2　log (1/1000) =　?

A 1　log (1/100) = log1 - log100 = 0 - 2 = - 2

　　2　log (1/1000) = log1 - log1000 = 0 - 3 = - 3

🔲 log1，也就是 1 等於 10 的幾次方。因為任何數的 0 次方都是 1，所以

　　　log1 = 0

log100，就是 100 等於 10 的幾次方。因為 10 自乘 2 次就等於 100，所以

　　　log100 = 2

而 log 內的除法可以分解成 log 的相減，所以

　　　log (1/100) = log1 - log100 = 0 - 2 = - 2

同理可證

　　　log (1/1000) = log1 - log1000 = 0 - 3 = - 3

重點就是 log1 = 0。

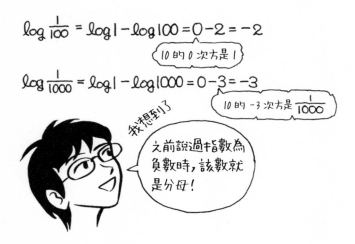

Q 以下是以 10 為底數的常用對數。

logI 的 I 變成 2 倍時，其對數 log（I×2）會增加多少？

A log（I×2）= logI + log2 ≒ logI + 0.301

所以只會增加約 0.301。

對數內的數字變成 2 倍時，也就是加上了 log2。log2 約等於 0.301，所以只會增加約 0.301。

$$\log 2 \fallingdotseq 0.301$$

請記住這個數值吧！

8

指數與對數

在 log 中乘上 2 倍，其實就只是加上 log2 ≒ 0.301 而已！

Q 以下是以 10 為底數的常用對數。

1　log100 = ?

2　log200 = ?

A 1　100 是 10 的 2 次方，所以 log100 = 2

2　log200 = log（100×2）= log100 + log2 ≒ 2 + 0.301 = 2.301

🔲 對數內的數字變成 2 倍時，就只是再加上 log2。log2 約等於 0.301，所以只是再加上約 0.301。

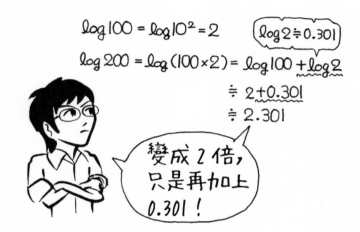

$\log 100 = \log 10^2 = 2$　　　$\boxed{\log 2 \fallingdotseq 0.301}$

$\log 200 = \log(100 \times 2) = \log 100 + \log 2$

$\qquad\qquad\qquad\qquad \fallingdotseq 2 + 0.301$

$\qquad\qquad\qquad\qquad \fallingdotseq 2.301$

變成 2 倍，只是再加上 0.301！

Q 以下是以 10 為底數的常用對數。

　1　log1000 = ？

　2　log500 = ？

A 1　1000 是 10 的 3 次方，所以 log1000 = 3

　　2　log500 = log（1000/2）= log1000 - log2 ≒ 3 - 0.301 = 2.699

當對數內的數字變成一半時，就只是減去 log2。log2 約等於 0.301，所以只是減去約 0.301。

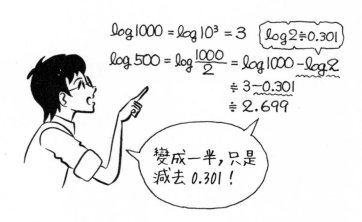

8

指數與對數

Q 以下是以 10 為底數的常用對數。

　　$\log 2^3 = $ ？

A $\log 2^3 = \log (2 \times 2 \times 2) = \log 2 + \log 2 + \log 2$
　　　$= 3\log 2 \fallingdotseq 3 \times 0.301 = 0.903$

 $\log a^n$ 就是把 a 自乘 n 次，也就是 $\log (a \times a \times a \times \cdots)$。log 內的乘法可以分解成 log 的相加，所以就變成 $\log a + \log a + \log a + \cdots$，也就是 n 個 $\log a$ 相加，結果就是 $n\log a$。

　　　　　$\log a^n = \log (a \times a \times a \times \cdots) = \log a + \log a + \log a + \cdots\cdots$
　　　　　　　　$= n\log a$

$$\log 2^3 = \log(2 \times 2 \times 2) = \overbrace{\log 2 + \log 2 + \log 2}^{\log 2\,\text{有 3 個}}$$
$$= 3\log 2$$

2^3 就是 $2 \times 2 \times 2$
所以
$\log 2^3$ 就是
$\log 2 + \log 2 + \log 2$！

Q 以下是以 10 為底數的常用對數。

log4 = ?

A $\log4 = \log2^2 = 2\log2 \fallingdotseq 2 \times 0.301 = 0.602$

 請記住「log 內的 n 次方要搬到 log 前方」。

$$\log a^n = n\log a$$

$$\log 4 = \log 2^2 = \overbrace{\log 2 + \log 2}^{\log 2\ 有\ 2\ 個} = 2\log 2$$
$$\fallingdotseq 2 \times 0.301 = 0.602$$

$\log a^n = n \log a$
要記住
n 次方的 n 要搬
到前方去哦!

$\mathbf{Q}$ 以下是以 10 為底數的常用對數。

log（1/4）= ?

$\mathbf{A}$ $\log(1/4) = \log(1/2^2) = \log 2^{-2} = -2\log 2$
$\qquad \fallingdotseq -2 \times 0.301 = -0.602$

「指數為負數時，該數為分母」。只要知道 1/4 = 2 的負 2 次方，後面就簡單了。

$$\log \frac{1}{4} = \log \frac{1}{2^2} = \log 2^{-2} = -2\log 2$$
$$\fallingdotseq -2 \times 0.301$$
$$= -0.602$$

指數為負數時，
該數為分母！

Q 以下是以 10 為底數的常用對數。

1 logI 的 I 變成 2 倍時？
2 logI 的 I 變成 4 倍時？
3 logI 的 I 變成 1/2 倍時？
4 logI 的 I 變成 1/4 倍時？

A 1 $\log(I \times 2) = \log I + \log 2 \fallingdotseq \log I + 0.301$
所以 I 變成 2 倍時，只會增加約 0.301。

2 $\log(I \times 4) = \log I + \log 4 = \log I + \log 2^2 = \log I + 2\log 2$
$\fallingdotseq \log I + 2 \times 0.301 = \log I + 0.602$
所以 I 變成 4 倍時，只會增加約 0.602。

3 $\log(I \times 1/2) = \log I - \log 2 \fallingdotseq \log I - 0.301$
所以 I 變成 1/2 倍時，只會減少約 0.301。

4 $\log(I \times 1/4) = \log I - \log 4 = \log I - \log 2^2 = \log I - 2\log 2$
$\fallingdotseq \log I - 2 \times 0.301 = \log I - 0.602$
所以 I 變成 1/4 倍時，只會減少約 0.602。

8
指數與對數

$$\log(I \times 2) = \log I + \log 2 \fallingdotseq \log I + 0.301$$
$$\log(I \times 4) = \log I + \log 4 = \log I + \log 2^2$$
$$= \log I + 2\log 2$$
$$\fallingdotseq \log I + 0.602$$
$$\log\left(\frac{I}{2}\right) = \log I - \log 2 \fallingdotseq \log I - 0.301$$
$$\log\left(\frac{I}{4}\right) = \log I - \log 4 = \log I - \log 2^2$$
$$= \log I - 2\log 2$$
$$\fallingdotseq \log I - 0.602$$

$2 \cdot 4 \cdot \frac{1}{2} \cdot \frac{1}{4}$ 倍
會變成
$+\log 2 \cdot +2\log 2$
$-\log 2 \cdot -2\log 2$ 哦！

$\mathbf{Q}$ $y = a^x$ (a > 1) 的圖形形狀是？

$\mathbf{A}$ 如下圖，此曲線的樣貌為越往 x 軸負向，就越逼近 $y = 0$（x 軸為漸近線），
在與 y 軸相交於 $y = 1$（y 截距）後，越往 x 軸的正向就急速上升的曲線。

 舉例來說，就像是「噴射戰鬥機的起飛曲線」。x 軸就是跑道。起飛前機身略
高於 x 軸，開始起飛時略微離地，然後快速攀升。a 越大，向上升起的曲線就
越陡。
與 y 軸相交在 $y = 1$，是因為任何數的 0 次方都是 1。

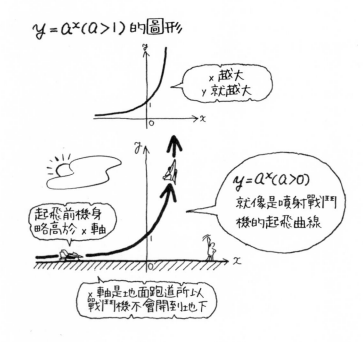

Q $y = a^x (0 < a < 1)$ 的圖形形狀是？

A 如下圖，越往 x 軸正向就越逼近 $y = 0$（x 軸為漸近線），在與 y 軸相交在 $y = 1$（y 截距）後，越往 x 軸的負向就急速上升的曲線。

🔲 這也是「噴射戰鬥機的起飛曲線」，只是起飛方向相反。

1/2 的平方是 1/4，3 次方是 1/8，4 次方是 1/16，可知當 a 小於 1 時，x 指數越大，數值就會越小。

相反地，1/2 的負 1 次方為 2，負 2 次方為 4，負 3 次方為 8，負 4 次方為 16，可知當負指數越大，數值就會越大。指數為負數時就是分母，但因底數為 1/2，所以負指數反而會變成分子，等同是 2 的幾次方。

8

指數與對數

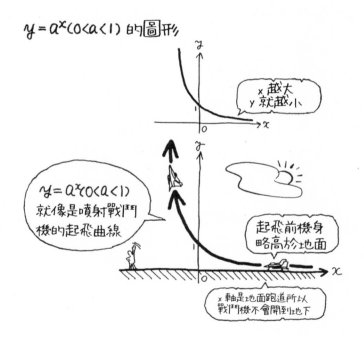

Q 常用的對數函數 $y = \log x$ 的圖形形狀是？

A 如下圖，越往 y 軸負向就越逼近 $x = 0$（漸近線），再與 x 軸相交在 $x = 1$（x 截距）後，到了 y 軸的正向 x 就一口氣變大的圖形。

▢ 這是將 $y = 10^x$ 的 x 與位置對調後的圖形。成為 $x = 10^y$ 後，變形即成為 $y = \log x$。

$y = \log x$ 的圖形就是以 y 軸為跑道，x 軸正向為天空時的「噴射戰鬥機的起飛曲線」。

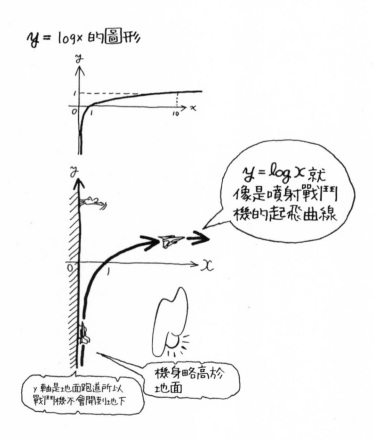

Q 對數軸是什麼？

A 如下圖所示，將 $1 = 10^0$ 標在 0 的位置，$10 = 10^1$ 標在 1 的位置，$100 = 10^2$ 標在 2 的位置，$1000 = 10^3$ 標在 3 的位置，將對數標在實際的數值之上的軸。

「以對數為準，配置實際數值」，稱為對數軸。如果是 10 的 x 次方，該數位置就視 x 而定。

這種方式便於處理龐大數值、以指數方式增加的數值，常用於工程領域。

8

指數與對數

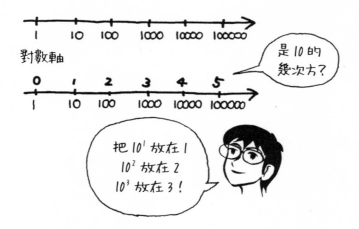

$\mathbf{Q}$ 如何把 $y = 10^x$ 的圖形，畫在 y 軸為對數軸的坐標上？

$\mathbf{A}$ 如下圖所示，對數軸就是把

「$10 = 10^1$」畫在 1 的位置
「$100 = 10^2$」畫在 2 的位置
「$1000 = 10^3$」畫在 3 的位置
「$10000 = 10^4$」畫在 4 的位置

也是將實際的數值標在其對數的刻度位置上的軸。

使用此軸就可以將龐大數值標在有限的小空間內，例如 100 標在 2 的位置、1000 標在 3 的位置等。一般難以在紙上完整畫出的超大圖形，也可以輕鬆畫在紙上。

指數函數如果用對數軸的坐標，就會從曲線變成直線圖形。自然現象中有很多指數函數，所以工程領域常會用到對數軸。

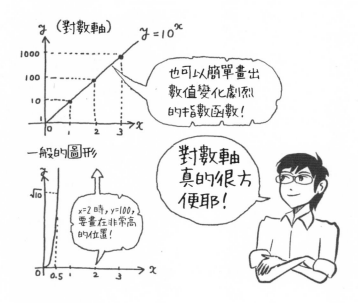

$\mathbf{Q}$ 如何把 $y = 20^x$ 的圖形，畫在 y 軸為對數軸的坐標上？

$\mathbf{A}$ 如下圖所示。

$x = 1$ 時，$y = 20^1 = 20$
$x = 2$ 時，$y = 20^2 = 400$
$x = 3$ 時，$y = 20^3 = 8000$

如果要直接畫在圖上，不論 y 方向的紙有多長，都不夠畫。所以我們將 y 軸以對數軸表示。

對數軸就是將實際的數值標在對數的刻度上的軸。

$y = 20$ 時，$\log 20 = \log(10 \times 2) = \log 10 + \log 2 = 1 + 0.301$
　　　$= 1.301$
$y = 400$ 時，$\log 400 = \log(100 \times 4) = \log 100 + \log 4$
　　　$= \log 10^2 + \log 2^2 = 2\log 10 + 2\log 2 = 2 + 0.602 = 2.602$
$y = 8000$ 時，$\log 8000 = \log(1000 \times 8) = \log 1000 + \log 8$
　　　$= \log 10^3 + \log 2^3 = 3\log 10 + 3\log 2 = 3 + 0.903 = 3.903$

因此 $y = 20$、400、8000 這種急速增加的 y 值，繪圖位置就可以改成 1.3、2.6、3.9。畫在圖上就是一條直線。

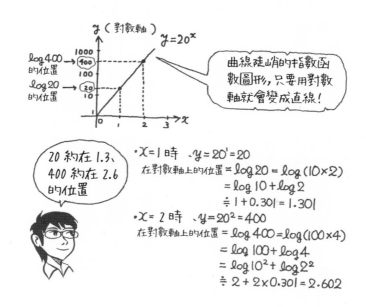

8

指數與對數

Q 讓我們來想一下人耳聽得到的聲音。

（最大聲音強度）/（最小聲音強度）＝ 10^{12}。假設最小聲音強度 ＝ 1，最大聲音強度 ＝ 10^{12}，該怎麼畫在圖上？

A 如果直接把 1、10、100……到 10 的 12 次方畫在圖上，即使刻度畫得再小，10 的 12 次方可能早就離開地平線，甚至飛到月球軌道的另一邊去了。

即使以 10 的幾次方這種規模在增加的數值，用對數軸也可以輕鬆畫在圖上了。

$1 = 10^0$ 在 0 的位置
$10 = 10^1$ 在 1 的位置
$100 = 10^2$ 在 2 的位置
$1000 = 10^3$ 在 3 的位置
$\vdots$
「10^{12}」在 12 的位置

依照這個原則，10 的 12 次方就可以畫在 12 的位置。

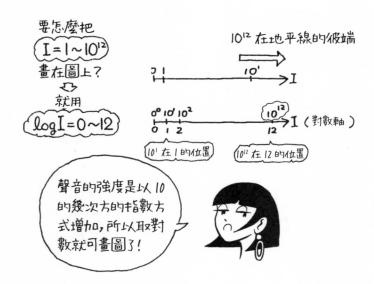

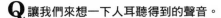

Q 讓我們來想一下人耳聽得到的聲音。

假設現在的聲音強度為 I，最小可以聽到聲音的強度為 I_0。

I 與 I_0 介於 $I/I_0 = 1 \sim 10$ 的 12 次方範圍內。

1 以 I/I_0 為橫軸（對數軸），$\log (I/I_0)$ 為縱軸的圖形是？

2 以 I/I_0 為橫軸（對數軸），$10\log (I/I_0)$ 為縱軸的圖形是？

A 1 縱軸為 $\log (I/I_0)$ 時，

　　$1 = 10^0$ 在 0 的位置
　　$1000000 = 10^6$ 在 6 的位置
　　$1000000000000 = 10^{12}$ 在 12 的位置

依此標示，即可畫出一條如左下圖的直線。

2 縱軸為 $10 \log (I/I_0)$ 時，

　　$1 = 10^0$ 在 0 的位置
　　$1000000 = 10^6$ 在 60 的位置
　　$1000000000000 = 10^{12}$ 在 120 的位置

依此標示，即可畫出一條如右下圖的直線。

🔳 **韋伯－菲克納定律**（Weber - Fechner Law）指出，「感覺大小和刺激量的對數成正比」。如下圖取刺激量的對數，感覺的圖形就會變成直線。也就是說縱軸相當於感覺。

橫軸與縱軸都是對數軸。橫軸是 10 的幾次方，3 次方就在 3 的位置。而這個 3 也是感覺的值。左圖當橫軸在 3 的位置時，縱軸也是 3。右圖則是 10 倍數值的圖形，當橫軸在 3 的位置時，縱軸則是 30。所以兩個圖形當然都是直線。

由此圖形可知，人耳對於刺激量的增加，是很遲鈍的。即使刺激量變成 10 倍，感覺也只不過上升一級。即使聲音強度增加 10 倍、再 10 倍，感覺也不過一次增加一級而已。

$\log (I/I_0)$ 是用刺激量的對數做為縱軸，而 $10\log (I/I_0)$ 則是用刺激量對數的 10 倍做為縱軸。10 倍後的數值就是常用的分貝值。

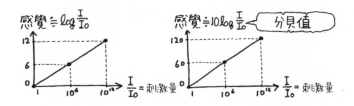

右側邊欄：**8** 指數與對數

Q 1　0.1 = 1/(　) = 10 的 (　) 次方 = (　) 成 = (　)%
　　2　1/10 的圖 = 1：(　) 的圖

A 1　0.1 = 1/10 = 10^{-1} = 1 成 = 10%
　　2　1/10 的圖 = 1：10 的圖

 我們先來復習一下平常認為沒什麼大不了的比例表達方式吧！
　　小數的 0.1 只乘以 10 個就會變成 1。所以 0.1 就是 1 的 10 分之 1。
　　根據指數法則，10 分之 1 可以寫成 10 的負 1 次方。請記得指數為負數時，該
　　數就是分母。
　　某數的 1/10 就是某數的 1 成。1 成就是 10%。
　　1/10 的圖就是用實物 1/10 的尺寸所繪製的圖，也可以寫成 1：10。
　　意思就是圖：實物是 1：10。

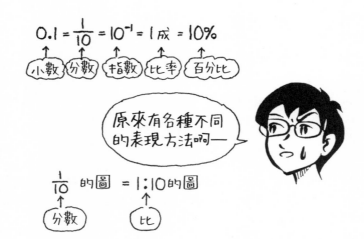

Q 1　0.01 = 1/(　) = 10 的 (　) 次方 = (　) 分 = (　)%

　　2　1/100 的圖 = 1：(　) 的圖

A 1　0.01 = 1/100 = 10^{-2} = 1 分 = 1%

　　2　1/100 的圖 = 1：100 的圖

0.01 只要有 100 個就會變成 1，所以等於是 1/100。

10 的負 2 次方就是以 10 的 2 次方為分母的意思。

分代表 1/100，厘代表 1/1000。厘是分的 1/10，分又是成的 1/10。

0.01 就是 1/100，所以是 1%。雖然這是理所當然的，但大家還是要牢記。

1/100 的圖就是用實物 1/100 的尺寸所繪製的圖，也可以用比例寫成 1：100。

意思就是圖：實物是 1：100。

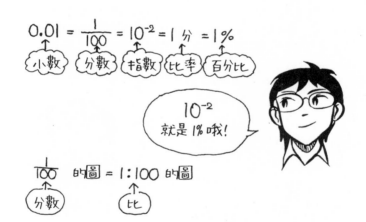

9
比例

Q 1 形狀相同（相似形），長度變成 2 倍，面積會變成幾倍？

   2 形狀相同（相似形），長度變成 n 倍，面積會變成幾倍？

A 1 2^2 倍 = 4 倍

   2 n^2 倍

形狀相同、大小不同的圖形，稱為**相似形**。如果是相似形，長度變成 n 倍時，面積會變成 n 的 2 次方倍。

用正方形來想就很簡單了。長和寬都變成 2 倍，因為面積是長 × 寬，所以就是 2×2 = 4 倍。長和寬如果都變成 n 倍，面積的倍數就是 n×n = n 的 2 次方。複雜的圖形如果把它想成是小正方形的集合，應該就可以用直覺理解，當長度變成 n 倍時，面積就是 n 的 2 次方倍。

面積就是長 × 寬，所以長寬各變成 n 倍的話，面積的倍數就會變成 n 的 2 次方。

同理可證，體積的倍數會變成 n 的 3 次方。因為體積就是長 × 寬 × 高。面積的單位是 m^2，體積的單位是 m^3，單位上都有 2 次方、3 次方的指數出現了。用單位來聯想也是一個方法。

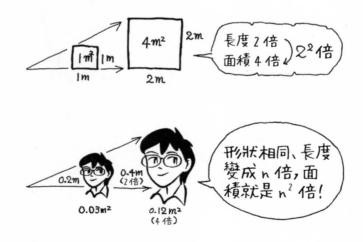

Q 1　形狀相同（相似形），長度變成 2 倍，體積會變成幾倍？

　　2　形狀相同（相似形），長度變成 n 倍，體積會變成幾倍？

A 1　2^3 倍 = 8 倍

　　2　n^3 倍

🔲 用立方體來想就很簡單了。長、寬、高都各變成 2 倍，因為體積是長 × 寬 × 高，所以就是 $2 \times 2 \times 2 = 8$ 倍

若是遇到複雜的立體形狀，就可以把它想成是小立方體的集合，應該就能用直覺理解了，當長度變成 n 倍時，體積的倍數就是 $n \times n \times n = n$ 的 3 次方。

體積的單位是 cm^3、m^3，由單位的 3 次方去聯想也是一個方法。

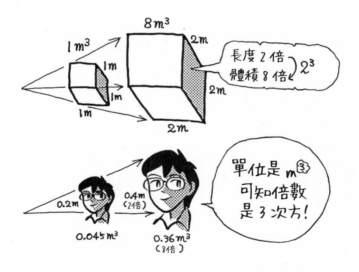

9

比
例

Q A4 原稿要放大影印成 A3，要放大百分之幾才好？

A 141%

A3 的面積是 A4 的 2 倍。將 A3 對折就是 A4 的大小。假設長度變成 x 倍。紙張的長寬比例相同，是相似形，所以長度變成 x 倍，面積就會變成 x 的 2 次方倍。x 的 2 次方倍等於 2 倍，所以可知 x 是 $\sqrt{2}$。

$\sqrt{2}$ 約等於 1.414，所以是 1.414 倍。以百分比來表示，就是 141.4%。在影印機上設定 141%，就可以將 A4 的原稿放大影印成 A3。

紙張的規格原理都一樣，只要將之對折，就會變成小一號的紙張。例如將 B1 對折會變成 B2。將 A2 對折會變成 A3。這是避免浪費紙的巧思。

此外，紙張的長寬比一定都相同。全都是 $1:\sqrt{2}$。只有 $1:\sqrt{2}$ 在對折後仍能維持相同的比例。

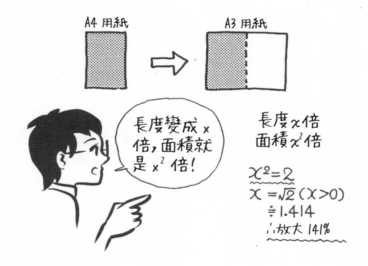

Q A1 原稿要縮小影印成 A2，要縮小百分之幾才好？

A 71%

A1 對折後就是 A2。A1 面積的 1/2 倍就是 A2。

假設長度變成 x 倍。因為是相似形，所以當長度變成 x 倍，面積就會變成 x 的 2 次方倍。x 的 2 次方倍等於 1/2 倍，所以可知 x 是 $1/\sqrt{2} = \sqrt{2}/2 \fallingdotseq 0.707$。
在影印機上設定 71%，就可以將 A1 的原稿縮小影印成 A2。
請記住

面積 2 倍　　→長度 $\sqrt{2}$
面積 1/2 倍　→長度 $1/\sqrt{2}$

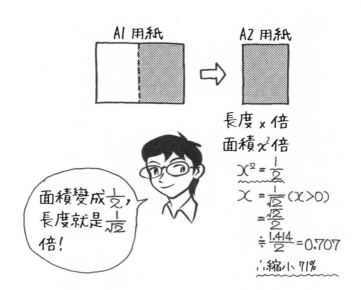

9
比
例

Q 1　10 的幾倍會變成 3？

　　2　1/30 圖面的幾倍，會變成 1/20 圖面？

A 1　0.3 倍

　　2　1.5 倍

「10 → 3」，用直覺想到的會是 3/10 倍吧。10 → 3 就是 3/10，亦即「尾→頭」就是「頭 / 尾」。記住這個原則就簡單多了。

　　　「頭 / 尾」倍 = 3/10 倍 = 0.3 倍 = 30%

1/30 的大小要變成 1/20 的大小，亦即「1/30 → 1/20」，同理可證，
「頭 / 尾」=（1/20）/（1/30）倍 =（1/20）×（30/1）倍 = 30/20 倍

　　　　　　= 3/2 倍 = 1.5 倍

只要用影印機放大 150%，就可以將 1/30 變成 1/20。

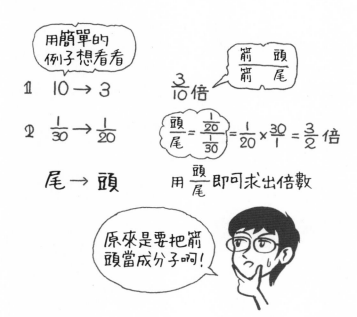

Q 1 10 的幾倍會變成 15？

2 1/50 圖面的幾倍會變成 1/200 圖面？

A 1 1.5 倍

2 0.25 倍

10 要變成 15 就是 10 → 15，亦即箭號的「頭 / 尾」倍，
所以是 15/10 倍 ＝ 1.5 倍 ＝ 150%。

1/50 要變成 1/200，與其用 1/50 → 1/200 的比例尺來想，不如想成是長度
1/50m → 1/200m 比較容易了解。

1/50m → 1/200m 的比例，就是「頭 / 尾」倍，亦即

$$(1/200)/(1/50) 倍 ＝ (1/200) \times (50/1) 倍 = 1/4 倍 = 0.25 倍 = 25\%$$

如果影印機不能一次縮小到 25%，因為 1/4 倍 ＝ 1/2×1/2 倍，所以只要連續縮
小影印 50% 二次，就會變成 25%。

9
比
例

$$1 \quad 10 \to 15 \quad \frac{頭}{尾} 倍 = \frac{15}{10} 倍 = 1.5 倍 = 150\%$$

$$2 \quad \frac{1}{50} \to \frac{1}{200} \quad \frac{頭}{尾} 倍 = \frac{\frac{1}{200}}{\frac{1}{50}} 倍 = \frac{1}{200} \times \frac{50}{1} = \frac{1}{4} 倍$$

$$\begin{cases} \frac{1}{4} 倍 = 0.25 倍 = 25\% \\ \frac{1}{4} 倍 = \frac{1}{2} \times \frac{1}{2} 倍 = 50\% \times 50\% \end{cases}$$

尾 ⟶ 頭 頭／尾 倍

頭在上，尾在下！

Q 1/50 的圖面要放大幾 % 才會變成 1/20？

A 250%

跟前一回合一樣，想成長度 1/50m → 1/20m 比較容易了解，所以是
「頭／尾」倍 =（1/20）/（1/50）倍 = 2.5 倍 = 250%

如果忘記解法，只要想到 2 → 1 就是 1/2，就可以利用箭頭的「頭／尾」來喚醒記憶。

如果影印機最大只能放大到 200%，

$$2.5 \text{ 倍} = \sqrt{2.5} \times \sqrt{2.5} \text{ 倍} ≒ 1.581 \times 1.581 \text{ 倍}$$

所以只要連續二次放大影印 158%，就會變成 250% 了。

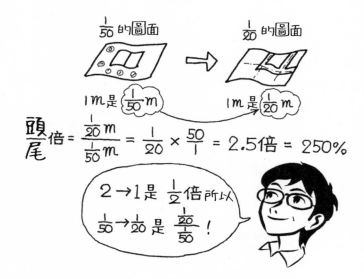

Q 有一種紙即使對折後，長邊與短邊的比例也不會改變。請問這種紙的邊長比是？

A $1 : \sqrt{2}$

假設對折後的長邊為 x，短邊為 1。由下圖可知，對折前短邊為 x，長邊為 2。因為邊長比例相等，即可列出比例式如下：

$$x : 2 = 1 : x$$

根據外項乘積 = 內項乘積可知，

$$x^2 = 2$$
$$x = \sqrt{2} \ (x > 0)$$

可求出紙的邊長比為 $1 : \sqrt{2}$。

A1、A2、A3 等 A 系列用紙，與 B1、B2、B3 等 B 系列用紙，邊長比都是 $1 : \sqrt{2}$。因為即使裁成一半，縱橫比率也都相同。裁成一半就變成小一號的用紙，就不會浪費紙。

9

比例

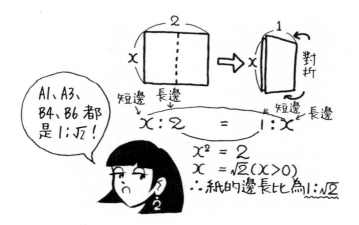

Q 10^3、10^6、10^9、10^{12} 要怎麼說？

A K（千）、M（百萬）、G（十億）、T（兆）。

 1km 為 1000m，亦即 10 的 3 次方公尺。有了這些字首，就容易表示很大的數字。

電腦的記憶容量 KB（位元組）等，是以 2 的 10 次方 = 1024 為 1K（千）。二進位數以 2 的 10 次方為 K（千），正好符合二進位數的進位原則，使用方便。

首先，先記住千、百萬、十億、兆的單字，以及代表它們的符號 K、M、G、T 吧！

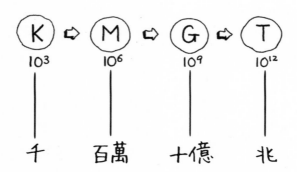

Q 10^{-3}、10^{-6}、10^{-9}、10^{-12} 該怎麼說？

A m（毫米）、μ（微米）、n（奈米）、p（皮米）。

1mm（毫米）是 1 公尺的 1000 分之 1，亦即 10 的負 3 次方公尺。有了這些字首，就比較容易表示很小的數字。

首先，先記住毫米、微米、奈米、皮米的單字，以及代表它們的符號 m、μ、n、p 吧！

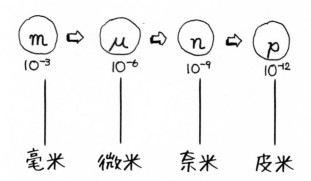

Q 1 5kN（千牛頓）是幾 N？

2 20000N（牛頓）是幾 kN？

A 1 $5kN = 5 \times 10^3 \, N = 5000N$

2 $20000N = 2 \times 10^4 = 20 \times 10^3 = 20kN$

習慣 10 的 4 次方 = 10×10 的 3 次方這種算法吧！

千牛頓
$$5kN = 5 \times 10^3 N = 5000N$$

$$20000N = 2 \times 10^4 N = 20 \times 10^3 N = 20kN$$

k 就是
$10^3 = 1000$！

Q 何謂 PPM？

A 表示 10 的 6 次方分之 1、100 萬分之 1 的比例。

🔲 PPM 的 M 就是 Million（百萬）的 M，表示 100 萬 = 10 的 6 次方。Millionaire
就是指百萬富翁。這裡說的百萬富翁，單位是美金，換算成日幣約 1 億日圓。
PPM 的 PP 是 Parts per 的簡寫，Parts 指的是部分。Per 則是指「每」的意思，
例如 per hour、per second 分別是指每小時、每秒，亦即除以小時、除以秒的意
思，相當於「幾分之幾」中的「分之」的英文。
因此 PPM 就是指 100 萬分之 1 的部分。亦即 10 的 6 次方分之 1。
請記住 PPM 的 M 就是「百萬的 M = 100 萬 = 10 的 6 次方」。

9
比
例

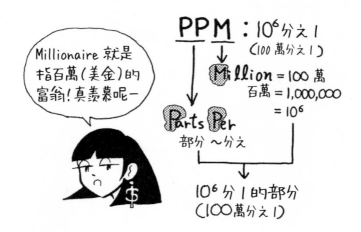

Q 1　1000PPM 是幾分之 1？幾 %？

　　2　10PPM 是幾分之 1？幾 %？

A 1　$1000PPM = 10^3/10^6 = 1/10^3 = 1/1000$

　　　　　$= (1/10) \times (1/100) = 0.1\%$

　　2　$10PPM = 10/10^6 = 1/10^5 = 1/100000$

　　　　　$= (1/1000) \times (1/100) = 0.001\%$

上式中的 10^n 表示 10 的 n 次方。

PPM 是 10 的 6 次方分之 1。而 1/100 就是 1%。只要知道二點，就很容易解題了。

在環境基準中常可看到二氧化碳濃度要在 1000PPM 以下，一氧化碳濃度要在 10PPM 以下。此時的濃度指的就是容積的比例。以整體容積為 1，

$1000PPM = 1/1000 = 0.1\%$。

$$1000PPM = 10^3 PPM = \frac{10^3}{\underset{\text{PPM}}{10^6}} = \frac{1}{10^3} = \begin{cases} \dfrac{1}{1000} \\ \dfrac{1}{10} \times \dfrac{1}{\underset{\%}{10^2}} = 0.1\% \end{cases}$$

$$10PPM = \frac{10}{\underset{\text{PPM}}{10^6}} = \frac{1}{10^5} = \begin{cases} \dfrac{1}{100000} \\ \dfrac{1}{10^3} \times \dfrac{1}{\underset{\%}{10^2}} = 0.001\% \end{cases}$$

PPM 就是

$\dfrac{1}{10^6} = 10^{-6}$！

Q 何謂理想氣體方程式?

A pV = nRT（p：氣壓、V：體積、n：莫耳數、R：理想氣體常數、T：絕對溫度）

符合本方程式的氣體，就稱為**理想氣體**。實際上的氣體和本方程式略有差異。
莫耳數是表示量值的單位之一。首先，把這個公式背下來吧！

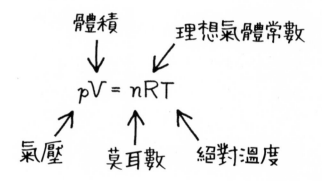

10

氣體

Q 量（質量、莫耳數）相同時，氣體體積和　①　成正比，和　②　成反比。

A ① 絕對溫度　② 氣壓

🎲 將理想氣體方程式 pV = nRT 變形，成為等號左邊只有 V 的形式，就是

　　　V = nRT/p

T 在分子的位置，所以 T 變成 2 倍時，V 也會變成 2 倍。因此 V 和 T 成正比。
另一方面 p 在分母的位置，所以 p 變成 2 倍時，V 會變成一半。所以 V 和 p 成
反比。
憑感覺就可以知道氣體受熱會膨脹，擠壓它就會收縮。正確來說，氣體體積應
該是和絕對溫度成正比，和氣壓成反比。

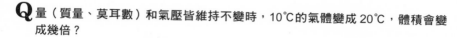

Q 量（質量、莫耳數）和氣壓皆維持不變時，10℃的氣體變成 20℃，體積會變成幾倍？

A 1.03 倍

假設 20℃的體積為 V'，10℃的體積為 V。因為氣體狀態方程式中的 T 為絕對溫度，所以將溫度換算為絕對溫度，20℃ = 273 + 20 = 293K（Kelvin），10℃ = 273 + 10 = 283K（Kelvin），建立以下公式：

20℃的狀態方程式為 $pV' = nR(273 + 20)$ ……①
10℃的狀態方程式為 $pV = nR(273 + 10)$ ……②

①／②就是 $V'/V = 293/283 = 1.03$，所以

$$V' = 1.03V$$

當氣體由 10℃增溫至 20℃，體積會變成 1.03 倍。實際上空氣也會因為氣壓而改變，而且也因並非理想氣體，所以數字會略有差異。

雖然溫度由 10℃變成 2 倍的 20℃，但體積卻不是變成 2 倍。因為體積是和絕對溫度成正比，這點請務必小心。

10

氣體

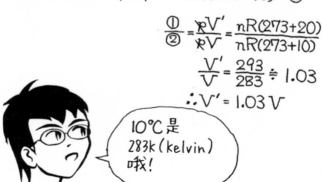

Q 量（質量、莫耳數）和溫度皆維持不變時，1 大氣壓的氣體變成 1.5 大氣壓，體積會變成幾倍？

A 0.67 倍

假設 1.5 大氣壓的體積為 V'，1 大氣壓的體積為 V，建立以下狀態方程式：

　　　1.5 大氣壓的狀態方程式為 $1.5 \cdot V' = nRT$……①
　　　1 大氣壓的狀態方程式為 $1 \cdot V = nRT$……②

① / ②就是 $1.5V'/V = 1$，所以

　　　$V' = 1/1.5V \fallingdotseq 0.67V$

可知氣壓變成 1.5 倍，體積會變成 1/1.5。
1 大氣壓就是地表的大氣壓力，會隨著地點、海拔、氣壓分配而有些微不同。
正確來說定義如下。atm 來自 atmosphere（大氣）。

　　　1 大氣壓　= 1atm = 1013.25hPa（百帕）

$$1.5 \text{ 大氣壓時} \Leftrightarrow 1.5 \cdot V' = nRT \cdots ①$$
$$1 \text{ 大氣壓時} \Leftrightarrow 1 \cdot V = nRT \cdots ②$$
$$\frac{①}{②} = \frac{1.5 \cdot V'}{1 \cdot V} = \frac{nRT}{nRT}$$
$$\therefore V' = \frac{1}{1.5}V \fallingdotseq 0.67V$$

氣壓變成 1.5
倍，體積會變
成 $\frac{1}{1.5}$ 倍！

Q 1 大氣壓（atm）是幾 hPa（百帕）？

A 1 大氣壓 = 1013.25hPa

Pa（帕）是指 N/m²（Newton per square meter）。h（hect-）是 100 倍的意思。ha（hectare 公頃）就是 100a（are 公畝）。所以

　　　1hPa = 100N/m²（1 百帕 = 100 Newton per square meter）

因此，

　　　1 大氣壓 = 1013.25hPa = 101325Pa = 101325N/m²

$$\underset{\text{100 倍}}{\overset{\text{帕}}{1hPa}} = \underset{\text{牛頓}}{\overset{\text{平方公尺}}{100N/m^2}} = \underset{\text{大氣壓}}{\frac{1}{1013.25}\,atm}$$

Q 水波是橫波還是縱波？

A 橫波。

水的各點只有上下振動，並未朝前進方向振動。像這種各點的振動方向和波前進方向垂直的波，就稱為**橫波**。

而產生波的各點就稱為**波的介質**。介質也就是傳遞波動的媒介物質。

水波是各介質的振動方向，為和波前進方向垂直的橫波。

事實上，水波因為各點的動作複雜，嚴格來說並不算是橫波。這裡只是舉水波的例子來說明，比較容易了解。嚴格來說電磁波就是屬於橫波。橫波又稱為**高低波**。

波雖然有傳遞過來，但浮標只有上下振動！

波前進方向

介質的振動方向和波的前進方向垂直 ⇨ 橫波

Q 聲波是橫波還是縱波？

A 縱波。

聲波一般是以空氣為介質進行傳遞。空氣的密度有大有小，而以介質的來回疏密變化將波傳遞出去。

在水中聲波則是以水為介質進行傳遞。人類在水中雖不能出聲，但仍可聽到各種聲音。有跳水經驗的人就知道，水也會忽疏忽密地傳遞聲波。

傳遞聲波介質的振動方向和波前進方向平行。像這種介質振動方向和波前進方向平行的波，就稱為**縱波**。因為傳遞時有疏有密，又稱為**疏密波**。

在此先記住縱波、疏密波等名詞，以及波的傳遞方式吧！

11

波與振動

Q 地震波是橫波？還是縱波？

A 地震波有橫波，也有縱波。

震波由震央產生的傳遞方式，有橫波，也有縱波。縱波傳得快，橫波傳得慢。縱波是疏密波，介質的振動方向與波前進方向平行，好像是被推出去一樣，感覺上好像也應該是縱波傳得快。

地震波的傳遞有橫波，也有縱波哦！

Q 何謂地震的 P 波、S 波？

A P 波是縱波，是最先到達的振動。S 波是橫波，是 P 波之後到達的振動。

P 是 Primary（最初的）的 P，S 是 Secondary（第二的）的 S。用英文來記更容易。縱波的 P 波是最先到達的細微搖動，也被稱為**初期微動**。一旦偵測到地震的初期微動，電梯或鐵路等交通工具可先自動停止。

11

波與振動

Q 有一個介質點上下振動的橫波。介質點來到上方後向下，再回到上方的時間為 2 秒。此時的週期 T 是多少？

A 週期 T = 2 秒。

 循環的動作回復到原狀態（地點）所需的時間，稱為週期。通常用 Time 的 T 做為符號。

地球自轉的週期約為 24 小時，公轉的週期約為 365 天。週期就是指轉一圈或振動後回到原點所需的時間。

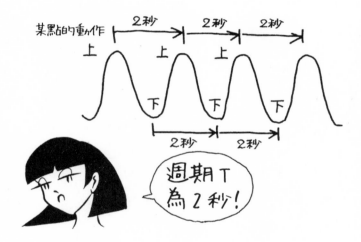

Q 某點的振動週期為 0.5 秒，其振動數（頻率）是多少？

A 2Hz（赫茲）

振動數（頻率）表示每秒振動幾次，或轉動幾次的數值。
週期為 0.5 秒，亦即轉一圈（振動）後回到原點需要 0.5 秒的時間。
0.5 秒轉 1 次，所以 1 秒可以轉 2 次（振動）。
因此振動數（頻率）就是 2 次 / 秒（Hz）。寫成公式就是

振動數　= 1/ 週期　= 1/0.5 = 2Hz

赫茲（Hz）是振動數的單位，代表次 / 秒。

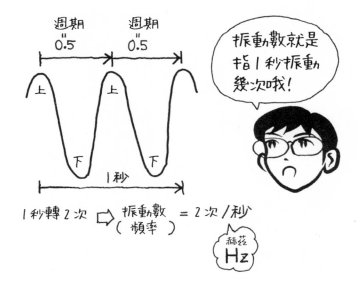

Q 某點的振動週期為 2 秒，其振動數（頻率）是多少？

A 0.5Hz（赫茲）

🔲 振動數（頻率）就是指 1 秒振動幾次，或轉動幾次。
　週期為 2 秒，意思就是要花 2 秒才能回到原點。亦即轉 1 次要 2 秒。1 秒只能
　轉半圈。1 秒轉 0.5 次。所以振動數就是 0.5 次 / 秒（Hz）。
　要計算振動數，只要用 1 秒去除週期（2 秒）即可。
　振動數 = 1/2 = 0.5Hz

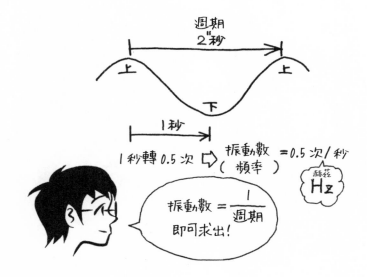

Q 振動次數多的聲音，是高音還是低音？

A 高音。

🔲 高頻率的聲音是高音，低頻率的聲音是低音。
女性的聲音約為 200 ～ 800Hz 左右，男性的聲音約為 80 ～ 200Hz 左右。一般來說女性的聲音比較高，當然也會因人而異。

Q 聲音高八度音，振動數會變成幾倍？

A 2 倍。

 Do，Re，Mi，Fa，Sol，La，Si，Do，由第一個 Do 到最後一個 Do，振動數（頻率）剛好相差 2 倍。
但聽說實際上在鋼琴調音時，會故意稍微偏差一些，不會剛好是 2 倍。

Q 波長 1.7m，振動數 200Hz 的波，波速是多少？

A 340m/s

波長 1.7m 是指一個完整的波峰長度是 1.7m。也就是說由波峰到波峰，或由波谷到波谷的長度是 1.7m。

振動數為 200Hz 的波，意指每秒有 200 個波峰通過。如果只注意其中一點，就是該點每秒會上下振動 200 次的意思。

簡單來說，就是每秒會通過 200 個 1.7m 的波峰。換言之，每秒會前進

    1.7m × 200 = 340m

所以波速為 340m/s。

一般來說可以用以下公式來計算波速。

    波速 = 波長 × 振動數

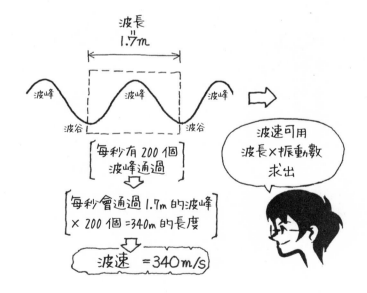

11

波與振動

Q 假設音速固定為 340m/s。

1 振動數 200Hz 的 A 小弟聲波波長是多少？

2 振動數 400Hz 的 B 小妹聲波波長是多少？

A 1 1.7m

2 85cm

 因為波長 × 振動數 = 波速，假設波長為 x，則

$x \times 200 = 340$，所以 $x = 340/200 = 1.7\text{m}$

$x \times 400 = 340$，所以 $x = 340/400 = 0.85\text{m} = 85\text{cm}$

氣溫越高，音速就會越快。即使氣壓或振動數改變，速度也不變。
因為音速固定，所以振動數改變時，波長就會改變。
振動數較高的聲音，波長較短；振動數較低的聲音，波長較長。
因為波長 × 振動數 = 音速 ≒ 340m/s，所以波長與振動數會呈反比，好讓波長 × 振動數的結果不變。

波長×振動數=波速

1 X × 200(Hz)=340(m/s)

$X = \dfrac{340}{200} = 1.7(m)$

1.7m

2 X × 400(Hz)=340(m/s)

$X = \dfrac{340}{400} = 0.85(m)$

$= 85(cm)$

85cm

音速不變，所以波長會改變！

Q 如何把縱波（疏密波）如聲波一般，畫成橫波的形式？

A 如果是向右移動的介質，就將移動的距離位移至上方畫出點。如果是向左移動，就將移動的距離位移至下方畫出點。依此原則畫出多個點後，把點連接成平滑曲線，即可繪出波形。

縱波＝疏密波，也就是以或疏或密的方式進行傳遞的波。因此我們想像中的波形並不存在。為了容易了解而要畫出波形時，可以使用以上方法，把縱波畫成橫波。

之前我們的插圖是把聲波畫成正弦曲線。事實上，聲音是以有疏有密的空氣為介質來傳遞，所以不存在這種波形。只是為了方便大家理解，所以把疏密用上下的動作取代，以橫波的形式來表現。

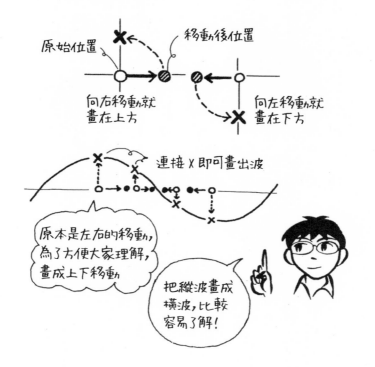

11

波與振動

Q 聲音會繞行跑到障礙物的背面，這是什麼現象？

A 繞射。

聲波會繞到障礙物背面的現象，稱為**繞射**。
聲音和光都是一種波，會繞到牆壁的背面。不過因為光的波長很短，所以不會繞很遠。波長越長繞得越遠。

Q 波與波重疊時，會使波加強或削弱，這是什麼現象？

A 干涉。

波峰與波峰重疊時，波峰會加高，波峰與波谷重疊時，波峰會變低。
水波互相衝撞時，同一點會產生部分加強與部分削弱的現象，也讓波形看起來有所改變。
干涉是波（波動）才看得到的現象。

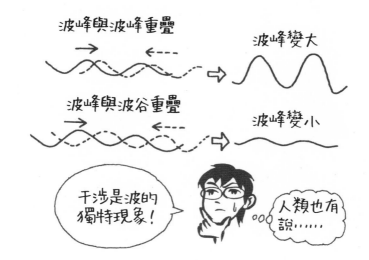

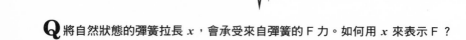

Q 將自然狀態的彈簧拉長 x，會承受來自彈簧的 F 力。如何用 x 來表示 F？

A $F = kx$（k：常數）

可用以上公式來表示。力和位移（拉長的長度）成正比。
拉長 2 倍就有 2 倍的作用力，拉長 1/2 倍就有 1/2 倍的作用力。
不過前提是彈簧還能恢復原狀。能立刻恢復原狀的性質就稱為**彈性**。如果把彈簧拉長到超出彈性極限，就無法恢復原狀了。

$$F = kx \ (k：常數)$$

作用力和
拉長的長
度成正比！

Q 彈簧受力會變形，力消失後，會恢復原狀，這是什麼性質？

A 彈性。

英文是 Elasticity，語源是希臘文的「恢復」。

在一定範圍內，彈簧即使受力也會恢復原狀。這種性質就稱為**彈性**，也就是有彈力的性質。

水泥、鐵等物質的彈性雖然沒有彈簧或橡皮筋那麼好，但些微的變形仍能恢復原狀。也就是說他們有彈性。如果超出彈性的極限，就無法恢復原狀了。

有彈力的性質 = 彈性

男性即使略有不振，也會立刻奮起！

騙人

Q 施力使其變形後，即使力消失了，仍然維持變形時的形狀，不會恢復原狀，這是什麼性質？

A 塑性。

對黏土施力後黏土會變形，力消失後也不會恢復原狀。這種性質就稱為**塑性**。英文是 Plasticity。

在一定範圍內，彈簧即使受力也會恢復原狀。可保持彈性的範圍就稱為**彈性限度**。只要超過這個限度，彈簧就無法恢復原狀。所以即使是彈性物體，一旦超過了彈性限度，就開始具有塑性。

Q 拉長繫有重物的彈簧然後放手，或者橫向拉起單擺然後放手，放手後彈簧與單擺的振動是哪種振動？

A 簡諧運動（Simple Harmonic Motion）。

🧊 當輕拉彈簧與單擺想要恢復原狀的動作，就是簡諧運動。如果用很大的力道去拉，放手後的振動就不是簡諧運動了。

簡諧運動是最單純的振動。一般的振動很複雜，不過可以把它想成是簡諧運動的組合。

彈簧或單擺的振動是簡諧運動！

11

波與振動

Q 對等速率圓周運動的單擺照射平行橫向光，其投影的運動是？

A 簡諧運動。

由正側方看每秒以相同角度轉動的物體，物體看起來就像是上下規則振動。這種振動就是簡諧運動。**簡諧運動即是等速率圓周運動之投影。**

正確地說，「某點進行等速率圓周運動時，投射在該點直徑（或平行於直徑的直線）上正交投影的運動，就是簡諧運動」。

正交投影是指與投影點之面上垂直相交的點。因為是垂直相交，所以稱為「正交」。一般的投影有垂直投影，也有斜向投影。

Q 1秒轉45°的物體，角速度 ω（Omega）是多少？

A ω = 45(°/s)，或 $\pi/4\,(\text{rad/s})$

角速度就是指1秒內轉了多少。角速度 = 角度的速度。一般常用 ω（Omega）做為角速度的符號。

角度可以用度（°）或弧度（rad）來表示。而數學上較常用弧度表示。

弧度是用弧長與半徑的比例，360°時，弧長是半徑的 2× 圓周率（π）倍；180°時，弧長是半徑的 π 倍。由此可知 360°時，弧度是 2π；180°度時，弧度為 π。

11

波與振動

Q 角速度（rad/s、每秒弧度）的圓周運動，其週期 T 是多少？

A $T = 2\pi/\omega$

 週期是指轉一圈所需要的時間。1 圈 360°就是 2π 弧度。每秒轉 ω 弧度，所以 2π 弧度就需要 $2\pi/\omega$ 秒的轉動時間。因此週期就是

週期 $T = 2\pi/\omega$ 秒

當 $\omega = \pi\,(\text{rad/s})$ 時，

週期 $T = 2\pi/\pi = 2$ 秒

當 $\omega = \pi/4\,(\text{rad/s})$ 時，

週期 $T = 2\pi/(\pi/4) = 8$ 秒

Q 以角速度 ω（rad/s）進行圓周運動的物體，假設 0 秒時在 x 軸，那麼 t 秒後與 x 軸的角度是多少？

A ωt rad

1 秒內轉 ω 弧度，所以 t 秒內會轉 ωt 弧度。考慮圓周運動時，一般都假設自 x 軸開始逆時針旋轉。

Q 進行半徑 r、角速度 ω 圓周運動的物體，是正交投影至 y 軸的簡諧運動。假設物體自 x 軸開始逆時針旋轉，t 秒後物體的正交投影高度 y 是多少？

A $y = r \sin \omega t$

t 秒後的角度是 ωt。如果將此時半徑 r 與高度 y 的關係畫成圖，就是一個直角三角形。sinωt 是 r 分之 y，所以 y 就是 r sinωt。

$\sin \omega t = y/r$，所以 $y = r \sin \omega t$

也就是說物體的正交投影位置，就是距原點 r sinωt 的位置。

忘記 sin、cos 的人，再重新複習一次吧！它們只不過是用來表示直角三角形比例的符號而已。

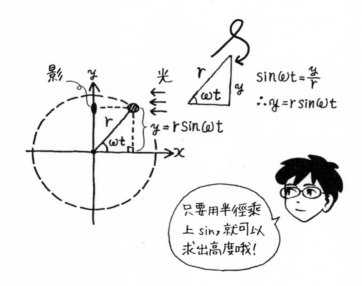

Q 如何由表示位移（位置）的公式，求出速度、加速度公式？

A 用時間 t 微分位移公式，就是速度公式。再用時間 t 微分速度公式，就是加速度公式了。
位移公式→速度公式→加速度公式

📦 速度就是位移（位置）的變化率，也就是指單位時間內移動了多遠的距離。因此只要求出位移公式的斜率，就是速度。只要經過微分就可以求出變化率、斜率。

而加速度就是速度的變化率，也就是指單位時間內增減了多少速度。因此只要求出速度公式的斜率，就是加速度。也就是只要微分速度公式即可。

一般我們使用 v 代表速度、a 代表加速度。這些公式之間的關係，如下圖所示。f 加上撇號，代表微分函數 f。二個撇號代表微分二次。

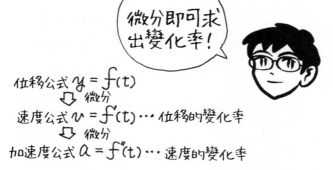

微分即可求出變化率！

位移公式 $y = f(t)$
⬇ 微分
速度公式 $v = f'(t)$ … 位移的變化率
⬇ 微分
加速度公式 $a = f''(t)$ … 速度的變化率

11

波與振動

$\mathbf{Q}$ 如何用簡諧運動的位移公式 $y = r\sin\omega t$，求出速度 v 與加速度 a 的公式？

$\mathbf{A}$ $v = r\omega\cos\omega t$
   $a = -\omega^2 y$

位移 y 的公式對 t 微分，即可求出速度 v 的公式。而對 sin 微分會得到 cos。因為 t 有乘上 ω，所以 ω 會出現在前面。

$$v = y' = (r\sin\omega t)' = r\omega\cos\omega t$$

速度 v 的公式對 t 微分，即可求出加速度 a 的公式。對 cos 微分會變成 - sin。

$$a = v' = (r\omega\cos\omega t)' = -r\omega^2\sin\omega t = -\omega^2(r\sin\omega t)$$
$$= -\omega^2 y$$

加速度前有負號。這表示 y 為正數時，加速度為負，速度遞減；y 為負數時，加速度為正，速度遞增。

簡諧運動在通過原點時速度最快，越往上就越慢，到某點停止。然後再朝相反方向開始運動。換言之，簡諧運動的加速度方向和運動方向相反，也就是有反向的作用力。

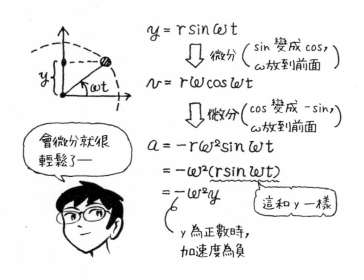

Q 半徑 r、進行角速度 ω 圓周運動的物體，其速度 v 是多少？

A $v = r\omega$

🔲 角速度 ω，即 1 秒內轉 ω 弧度。因半徑為 r，便可由角速度 ω 求出 1 秒內移動的弧長，進而求出速度。角速度一般都用弧度（弧長 / 半徑）來表示，所以可以寫出以下公式。

　　　角速度 ω = 1 秒內轉的角度
　　　　　　　 = 1 秒內移動的弧長 v/ 半徑 r

由此可知，1 秒內移動的弧長 v = rω。這表示物體在 1 秒內會移動畫出 rω 的弧。換言之，這就是速度。

　　　速度 v = rω

速度 v 的方向就是**圓的切線方向**。速度 v 的方向會不停地改變。

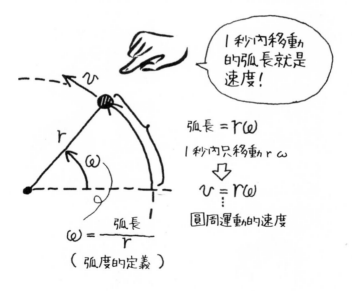

1 秒內移動的弧長就是速度！

弧長 = rω
1 秒內只移動 rω
⇩
v = rω
⋮
圓周運動的速度

$\omega = \dfrac{弧長}{r}$
（弧度的定義）

11

波與振動

Q 半徑 r、進行角速度 ω 等速率圓周運動的物體，是正交投影至 y 軸的簡諧運動。假設物體通過 x 軸時 t = 0 秒，則 t 秒後簡諧運動的速度公式為何？

A rωcosωt

進行圓周運動的物體，速度 v 的方向就是圓的切線方向。要求出速度的 y 軸分量，只要如下圖乘上 cosωt 即可。此外，圓周運動的速度 v 就是 rω，所以

　　簡諧運動的速度 ＝ v cosωt ＝ rω cosωt

與以時間 t 微分簡諧公式，所得的位移（位置）公式 y = r sinωt 一樣。
只要會微分，就不用去想複雜的圖形。這就和雞兔同籠的問題，用聯立方程式去解比較簡單一樣，如果會使用數學，解題就更輕鬆了。若用圖形的方式，去求出簡諧運動的加速度，圖形會變得更為複雜。那還不如用微分輕鬆出擊。

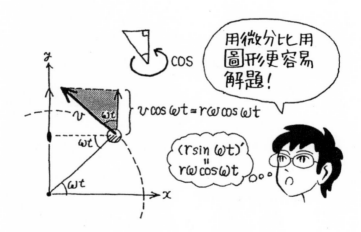

Q 掛著質量 m 物體的彈簧正在振動。距離中心 y 高度的受力 F，可用 F = -ky 表示。那麼此物體的加速度是多少？

A a = - (k/m) y

套入運動方程式（F = ma）。

　　　ma = - ky

根據此公式可求出加速度 a 為

　　　a = - (k/m) y

帶有負號是代表在原點上方時，加速度朝下作用，在原點下方時，加速度朝上作用。

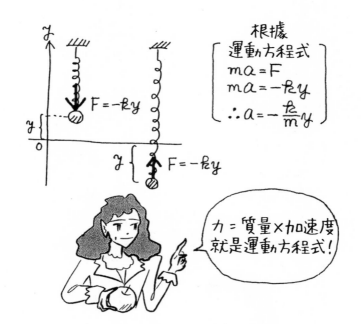

11

波與振動

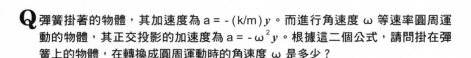

$\mathbf{Q}$ 彈簧掛著的物體，其加速度為 $a = -(k/m)\,y$。而進行角速度 ω 等速率圓周運動的物體，其正交投影的加速度為 $a = -\omega^2 y$。根據這二個公式，請問掛在彈簧上的物體，在轉換成圓周運動時的角速度 ω 是多少？

$\mathbf{A}$ $\omega = \sqrt{(k/m)}$

因為 $a = -(k/m)\,y$，且 $a = -\omega^2 y$，所以

$$k/m = \omega^2$$

因此 $\omega = \sqrt{(k/m)}$。簡諧運動與圓周運動互相關聯。因此我們可以將圓周運動轉換成簡諧運動，反之亦然。這裡是將彈簧的簡諧運動轉換成圓周運動，來求出角速度 ω。

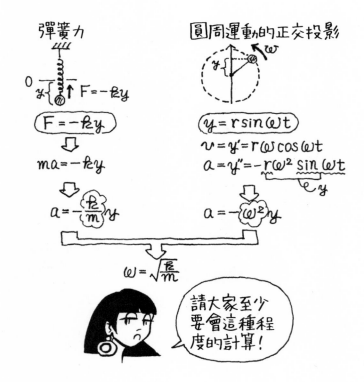

Q 將彈簧的振動轉換成圓周運動，其角速度 $\omega = \sqrt{(k/m)}$。此時的週期 T 是多少？

A $T = 2\pi\sqrt{(m/k)}$

角速度 ω 就是指每一秒轉 ω（rad）的意思。轉 1 圈是 $360°$，也就是 2π 弧度，所以轉 1 圈要花

$$2\pi/\omega = 2\pi/(\sqrt{(k/m)}) = 2\pi\sqrt{(m/k)} \text{ 秒}$$

這也就是週期 T。

$$T = 2\pi\sqrt{(m/k)} \text{ (s)}$$

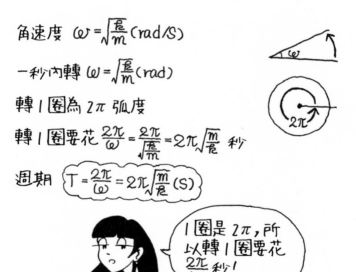

角速度 $\omega = \sqrt{\dfrac{k}{m}}$ (rad/S)

一秒內轉 $\omega = \sqrt{\dfrac{k}{m}}$ (rad)

轉 1 圈為 2π 弧度

轉 1 圈要花 $\dfrac{2\pi}{\omega} = \dfrac{2\pi}{\sqrt{\frac{k}{m}}} = 2\pi\sqrt{\dfrac{m}{k}}$ 秒

週期 $T = \dfrac{2\pi}{\omega} = 2\pi\sqrt{\dfrac{m}{k}}$ (S)

1 圈是 2π，所以轉 1 圈要花 $\dfrac{2\pi}{\omega}$ 秒！

11

波與振動

Q 彈簧常數 k，質量 m 的彈簧振動時，週期 T 是多少？

A $T = 2\pi \sqrt{(m/k)}$

最好把週期的公式背下來吧。

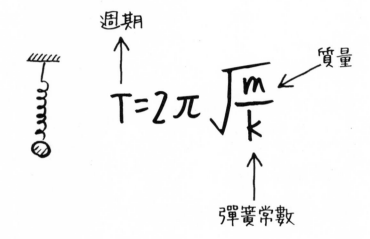

$\mathbf{Q}$ 1 　$y = 2x$，當 x 變成 2 倍，則 y 會怎麼變化？

　 2 　$y = -1/2x$，當 x 變成 2 倍，則 y 會怎麼變化？

$\mathbf{A}$ 1 　$x = 1$ 時，$y = 2$；$x = 2$ 時，$y = 4$，所以 x 變成 2 倍時，y 也會變成 2 倍。

　 2 　$x = 1$ 時 $y = -1/2$；$x = 2$ 時 $y = -1$，所以 x 變成 2 倍時 y 也會變成 2 倍。

一般來說，當 $y = mx$（m：不為 0 的常數），x 變成 2 倍時，y 也會變成 2 倍；x 變成 3 倍時，y 也會變成 3 倍。這樣的關係就稱為**比例**，或**成正比**。

Q $y = 2/x$，x 變成 2 倍，則 y 會怎麼變化？

A $x = 1$ 時，$y = 2$；$x = 2$ 時，$y = 1$，所以 x 變成 2 倍時，y 會變成 1/2 倍。

一般來說，當 $y = m/x$（m：不為 0 的常數）時，x 變成 2 倍時，y 變成 1/2 倍；x 變成 3 倍時，y 變成 1/3 倍。這種關係就稱為**成反比**。

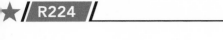

$\mathbf{Q}$ $y = 2x$ 的圖形是？

$\mathbf{A}$ $x = 0$ 時，$y = 0$；$x = 1$ 時，$y = 2$，所以就是通過原點 (0,0) 與 (1,2) 的直線。

因為 y 固定是 x 的 2 倍，以一定的比例變化，所以是直線。
像這種成正比的圖形，一定是通過原點的直線。

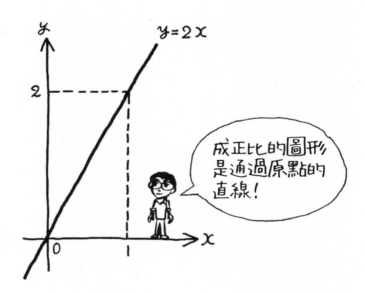

12

圖形

Q $y = 2/x$ 的圖形是？

A 雙曲線。

$x = 1/2$ 時，$y = 4$；$x = 1$ 時，$y = 2$；$x = 2$ 時，$y = 1$；$x = 4$ 時 $y = 1/2$。
$x = -1/2$ 時，$y = -4$；$x = -1$ 時，$y = -2$；$x = -2$ 時，$y = -1$；$x = -4$ 時，
$y = -1/2$。

將以上各點畫在圖上，就會出現兩條曲線，分別位於正方、負方，如下圖所
示。這種圖形就稱為**雙曲線**。

$y = m/x$（m：不為 0 的常數）這種成反比的圖形，都是雙曲線。

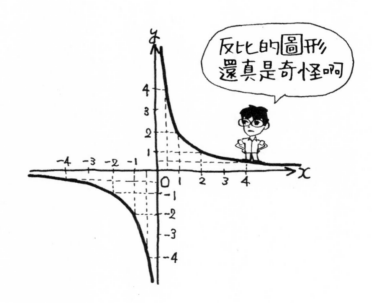

Q x 和 y 的關係是 $y = 2x + 1$，這是正比關係嗎？

A $x = 1$ 時，$y = 3$；$x = 2$ 時，$y = 5$。當 x 變成 2 倍時，y 並不會變成 2 倍，所以兩者並無比例關係。

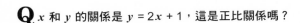 一般來說，當 $y = mx + n$（m、n：不為 0 的常數）時，不成比例。只有當 n = 0 時，才會成正比。

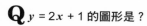

Q $y = 2x + 1$ 的圖形是？

A $x = 0$ 時，$y = 1$；$x = 1$ 時，$y = 3$，所以就是通過 $(0,1)$ 與 $(1,3)$ 的直線，如下圖所示。

📦 $(0,1)$ 在 y 軸上，所以就是直線與 y 軸的交點。也稱為 **y 截距**。

這個圖形就像是把 $y = 2x$ 的圖形，向上平移 1 一樣。$y = 2x + 1$ 公式中的 +1，就扮演著平移的功能。

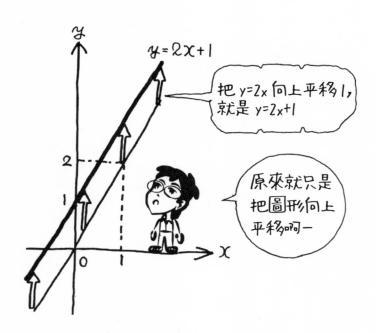

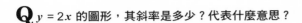

Q $y = 2x$ 的圖形，其斜率是多少？代表什麼意思？

A 斜率是 2。這代表 x 方向前進 1，y 方向就會上升 2。

一般來說，**斜率 = y 的變化量 /x 的變化量**。

變化量常用 △（Delta）的符號來表示。所以 x 的變化量就是 △x。把符號代入上述公式，就可得出以下公式。

斜率 = △y/△x

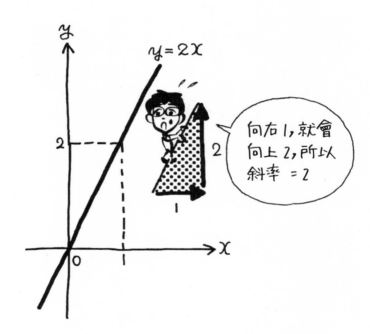

12
圖形

Q 如何用和 x 軸的交角 θ 來表示直線斜率？

A 斜率 $= \Delta y / \Delta x = \tan\theta$

斜率就是 y 的變化量 $/ x$ 的變化量 $= \Delta y / \Delta x$。看下圖即可知，這和 $\tan\theta$ 的定義一樣。在考慮傾斜程度時，正切函數是很有效的工具。

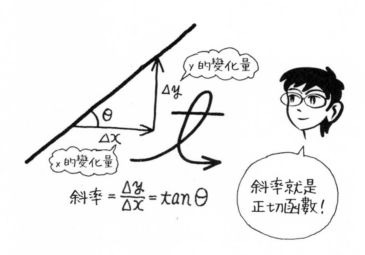

Q $y = -x + 1$ 的圖形是？

A 通過 $(0,1)$ 與 $(1,0)$ 且斜率為 -1 的直線，如下圖所示。

斜率負 1，即是向 x 方向前進 1，就會向 y 方向下降 1 的意思。
負斜率一定是左上右下的曲線。

　　　　正斜率→左下右上
　　　　負斜率→左上右下

好好記住這一點吧。

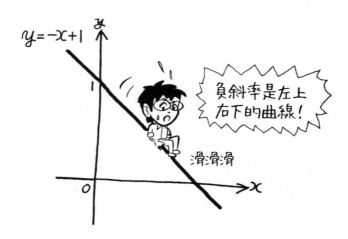

Q $y = 1$ 的圖形是？

A 通過 $(0,1)$ 的水平直線，如下圖所示。

 $y = 1$ 的意思就是，不論 x 是多少，y 都是 1，所以不論在哪一點，高度都是 1。因此是高度為 1 的水平直線。

也可以把 $y = 1$ 想成是 $y = 0 \times x + 1$。亦即斜率為 0。斜率為 0 就是水平。先把這一點記起來吧！

斜率 $> 0 \rightarrow$ 左下右上
斜率 $= 0 \rightarrow$ 水平
斜率 $< 0 \rightarrow$ 左上右下

Q 1　左下右上（增加）的直線圖形，其斜率是多少？
　　2　水平直線的斜率是多少？
　　3　左上右下（減少）的直線圖形，其斜率是多少？

A 1　斜率 > 0
　　2　斜率 = 0
　　3　斜率 < 0

使用微分時，常會出現斜率的正負，請牢牢記好吧！

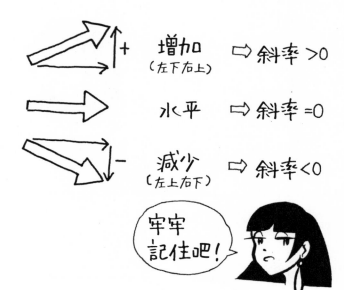

Q 如何將 $y = 2x + 1$ 對 x 微分？

A $y' = 2$

微分即可求出斜率。斜率為 2。為了表示 y 已經微分過了，所以加上撇號，成為 y'。因此，

$$y' = 2$$

請牢牢記住微分即可求出斜率。

Q 如何微分 $y = 2$ ？

A $y' = 0$

🔲 $y = 2$ 的圖形是高度為 2 的水平直線，所以斜率為 0。
因此，

$$y' = 0$$

斜率就是 x 前的數字，但此例中為 0，所以可以想成是 $y = 0x + 2$，也就是 x 不會在公式出現。

12
圖
形

Q 1　如何微分 $y = -x + 1$ ？
　　2　如何微分 $y = 1/2x - 5$ ？
　　3　如何微分 $y = 3$ ？

A 1　$y' = -1$
　　2　$y' = 1/2$
　　3　$y' = 0$

微分的意思就是求出個別直線的斜率。而斜率就是 x 前的數字。Q3 是水平直線，所以斜率為 0。此例也和上一回合一樣，可以想成 x 前的數字是 0，也就是 $y = 0x + 3$，所以公式中看不到 x。

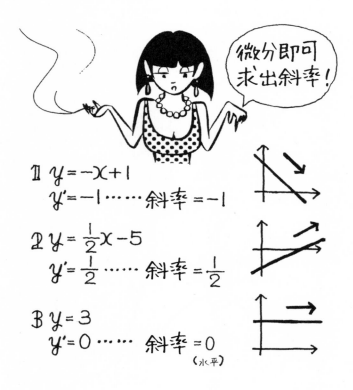

Q $y = x^2$ 的圖形是？

A $x = 0$ 時，$y = 0$；$x = 1$、-1 時，$y = 1$；$x = 2$、-2 時，$y = 4$；
$x = 3$、-3 時，$y = 9$。就是在 y 軸左右兩側對稱的曲線，如下圖所示。

負數的平方會變成正數，所以不論 x 是 1 或 -1，y 的值皆相同。也就表示圖形
是以 y 軸為對稱軸，左右對稱且高度相同。這種曲線被稱為拋物線。
一般來說，x 的二次函數如 $y = ax^2 + bx + c$（a,b,c 為常數，且 a 不等於 0）的
圖形，是拋物線。這個曲線名稱的由來，是因為很像物體被拋出時的飛行軌
跡，所以被稱為**拋物線**。

（以下供有興趣者參考）

假設拋出物體時，向上的速度為 v_1，水平方向的速度為 v_2。v_1 會隨著每秒重力
加速度 g 減緩。而水平方向的速度則不會改變，維持 v_2。於是 t 秒後的速度就
會變成

    v（垂直方向）= $v_1 - gt$
    v（水平方向）= v_2

用時間 t 積分速度，即可求出位移。

    $y = v_1 t - 1/2 gt^2$
    $x = v_2 t$

將 $t = x/v_2$ 代入 y 式中，即可整理出 x 的二次函數。

    $y = -(g/(2v_2^2))x^2 + (v_1/v_2)x$

12

圖形

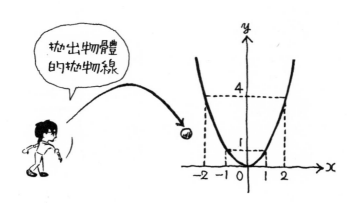

拋出物體
的拋物線

$\mathbf{Q}$ $y = x^2$ 的斜率是固定的？還是會改變？

$\mathbf{A}$ 斜率會隨位置而改變。

雖說求曲線上的斜率，但因不是直線，其實是有點曖昧不清的。正確地來説，應該是切線的斜率。

在曲線中，**切線斜率**經常改變。也是使用微分即可求出切線的斜率。斜率會隨著 x 的位置不同而改變，所以斜率是內含 x 的公式（x 的函數）。

表示切線斜率的公式，就稱為**導函數**。只要微分即可求出導函數。

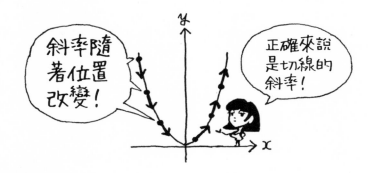

Q 如何微分 $y = x^2$ ？

A $y' = 2x$

在微分時，將 x^2 的 2 次方的 2 搬到 x 前面，並減少 1 個次方，變成 1 次方。
這麼一來就會變成 $y' = 2x$。把這個微分的技巧記起來，以後會很有幫助的。
微分後可求出導函數。導函數就是**斜率的公式**。也代表在 x 點的切線斜率。

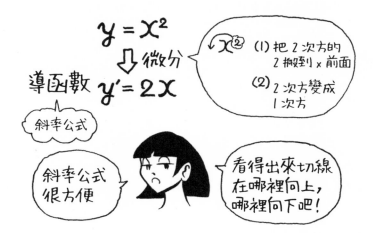

Q 除了 y'，還有什麼是導函數會有的符號？

A dy/dx、$f'(x)$ 等。

用於微小變化 d 的 dy/dx，以及函數符號 $f(x)$ 的 $f'(x)$ 等。
斜率可以用 y 的變化量 $\triangle y$，去除以 x 的變化量 $\triangle x$，亦即 $\triangle y/\triangle x$。

斜率 $= \triangle y/\triangle x$

如果是曲線，所謂斜率就只是在某一點瞬間的斜率。嚴格來説，是曲線上某點的切線斜率。而導函數就是用來表示瞬間斜率的公式。使用微分即可求出導函數。

想要求出某一個瞬間的斜率，變化量 $\triangle y$、$\triangle x$ 必須儘可能越小越好。量測無限小的部分時，y 的變化量 $\triangle y$ 可以寫成 dy，x 的變化量 $\triangle x$ 可以寫成 dx。

$\triangle y \rightarrow dy$
$\triangle x \rightarrow dx$

因此斜率就變成

$\triangle y/\triangle x \rightarrow dy/dx$

籠統地説，dy/dx 就是指**曲線上某點的斜率**。

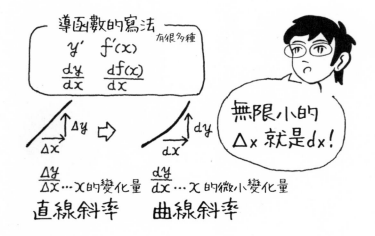

Q 以 x 的公式表現 y 時（y 為 x 的函數時），該怎麼寫？

A $y = f(x)$

當決定 x 之值後，就可以知道 y。例如 2 倍 x 就是 y，或者 x 平方減 1 就是 y 等。這種用 x 來操作、加工的方法，就稱為 x 的函數。出來的結果是 y 時，就可以用 **x 的函數**來表示 y，寫成 $y = f(x)$。f 就是 function（函數、功能）的第一個字母。

函數就好像是數字的工廠。如果是 $f(x) = x^2$，意思就是丟 2 進出，會跑出來 4；丟 3 進去，會跑出來 9 的工廠。

或者也可以把函數想成是可以加工數字的箱子。如果箱子的加工工程是把丟進去的數字平方，那麼丟 2 進去，就會跑出來 4；丟 3 進去，就會跑出來 9。以公式表示即 $f(x) = x^2$。若平方後的結果是 y，那麼就是 $y = f(x) = x^2$。微分 $f(x)$ 即可得到表示 $f(x)$ 各點斜率的導函數 $f'(x)$。$f(x) = x^2$，$f'(x) = 2x$。

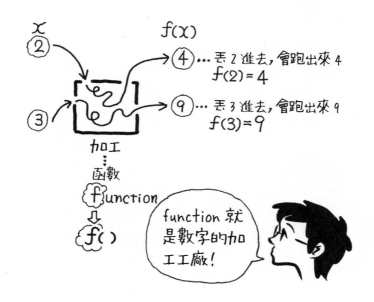

12

圖形

Q $y = f(x) = x^2$ 的圖形中，$x = -1$、$x = 0$、$x = 1$ 時的切線斜率是多少？

A $x = -1$ 時，$f'(-1) = -2$
$x = 0$ 時，$f'(0) = 0$
$x = 1$ 時，$f'(1) = 2$

微分 $y = f(x) = x^2$，可得 $y' = f'(x) = 2x$。
接著再求出各 x 值的 y'，即各點切線的斜率。因曲線的斜率一直在變，而導函數就是表示在各點那一瞬間的斜率公式。能求出導函數的方法就是微分。

Q 1　如何微分 $y = x^2 - 2x + 3$ ？

　　2　如何微分 $y = -2x^2 - 4x + 1$ ？

A 1　$y' = 2x - 2$

　　2　$y' = -4x - 4$

▢ $y =$ 常數，代表高度固定的直線、斜率為 0，所以微分的結果也是 0。

亦即（常數）$' = 0$。

$y = \mathrm{m}x$ 就是斜率為 m 的直線，微分後就是 m。

一般來説 $(x^n)' = nx^{n-1}$。x 的 n 次方微分後，就是 nx 的 (n-1) 次方。把次方搬到前方，而新次方數就是將原次方減 1。一定要先記住這個原則。

將包含加法的函數進行微分，就是每個部分各自微分後，再相加即可。Q1 的問題，就是將各個部分微分後的結果 $2x$、-2 與 0 相加之後，成為整個公式的微分結果 $y' = 2x - 2$。

計算微分和其他計算一樣，只要多練習就變簡單了。

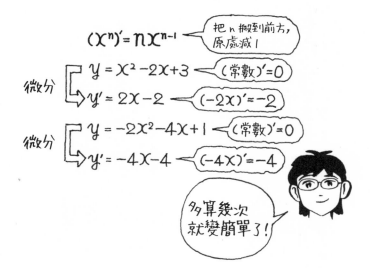

Q 如何用微分求拋物線 $y = x^2 - 2x + 3$ 的頂點？

A 頂點為 $(1,2)$，解法如下。

微分拋物線可得出 $y' = 2x - 2$。

先求 $y' = 0$ 時的 x，因為 $0 = 2x - 2$，所以 $x = 1$。

而 $x = 1$ 時，$y' = 0$，亦即斜率為 0。斜率為 0，即該切線為水平，而拋物線會呈水平的部分，就是左上右下的曲線，反轉成左下右上時的點；或左下右上的曲線，要反轉時的點。也就是波峰或波谷的頂點。

$x > 1$ 時，$y' = 2x - 2 > 0$，左下右上

$x < 1$ 時，$y' = 2x - 2 < 0$，左上右下

$x = 1$ 時，$y = x^2 - 2x + 3 = 1^2 - 2 \cdot 1 + 3 = 2$，所以頂點的坐標就是 $(1,2)$。

只要對曲線微分，即可求出斜率公式（導函數），再利用公式求出結果為 0 的點，就可以知道波峰、波谷的位置。

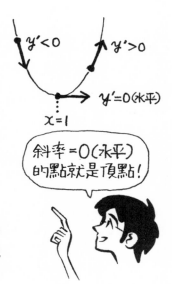

Q 如何不使用微分來求拋物線 $y = x^2 - 2x + 3$ 的頂點？

A 頂點為 $(1,2)$，解法如下。

🔷 只要公式變成（　）² 的形式，即可求出二次函數的頂點。

$$y = x^2 - 2x + 3 = (x^2 - 2x) + 3$$

請看公式中 $(x^2 - 2x)$ 的部分，如果再多一個 ＋1，就可以變成 $(x-1)^2$。為了不改變原本公式，前方多了 ＋1，後方就要 -1 才行。

$$y = (x^2 - 2x + 1 - 1) + 3$$

把新加的 -1 移到括弧外，

$$y = (x^2 - 2x + 1) - 1 + 3$$
$$= (x-1)^2 + 2$$

$(x-1)$ 的平方不會是負數，一定大於或等於 0。當 $x = 1$ 時，$(x-1)^2 = 0$，這是最小值。此時 $y = 2$ 也是最小值。換言之，頂點的位置就是 $(1,2)$，而該頂點就是波谷。

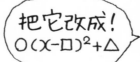

Q 1 如何用微分來求圖形 $y = -2x^2 - 4x - 1$ 的頂點？

2 如何不使用微分來求圖形 $y = -2x^2 - 4x - 1$ 的頂點？

A 1 使用微分來求，則

$$y' = -4x - 4 = -4(x + 1)$$

$x = -1$ 時，$y' = 0$，斜率為 0 呈水平。因此 $x = -1$ 為頂點，此時 y 值為

$$y = -2 \cdot (-1)^2 - 4 \cdot (-1) - 1 = -2 + 4 - 1 = 1$$

因此頂點坐標為 $(-1, 1)$。

2 把公式變形，

$$y = -2x^2 - 4x - 1$$
$$= -2(x^2 + 2x) - 1$$
$$= -2(x^2 + 2x + 1 - 1) - 1$$
$$= -2(x^2 + 2x + 1) + 2 - 1$$
$$= -2(x + 1)^2 + 1$$

$(x + 1)^2 = 0$，在 $x = -1$ 有最小值，$y = 1$。因此頂點為 $(-1, 1)$。

A2 將公式變形的方法稱為**配方法**。但如果公式複雜，配方法的計算會很麻煩，倒不如使用微分比較快。

［微分］
$y = -2x^2 - 4x - 1$
$y' = -4x - 4$
$y' = 0$ 時、$-4x - 4 = 0$ ∴ $x = -1$
$x = -1$ 時、$y = -2 \cdot (-1)^2 - 4 \cdot (-1) - 1$
　　　　　　 $= -2 + 4 - 1 = 1$
∴ 頂點為 $(-1, 1)$

$x = -1$　斜率
　 　 $y' = 0$

［配方法］
$y = -2x^2 - 4x - 1$
　 $= -2(x^2 + 2x) - 1$
　 $= -2(x^2 + 2x + 1 - 1) - 1$
　 $= -2(x^2 + 2x + 1) + 2 - 1$
　 $= -2(x + 1)^2 + 1$
$x = -1$ 時、$(x + 1)^2 = 0$，$y = 1$
　∴ 頂點為 $(-1, 1)$

微分比較輕鬆！

$\mathbf{Q}$ $y = 1/3x^3 - 3/2x^2 + 2x$ 的圖形是？

$\mathbf{A}$ S 形的圖形，如下圖所示。

微分後可求出

$$y' = x^2 - 3x + 2$$
$$= (x-1)(x-2)$$

$x = 1$、2 時，$y' = 0$，斜率為 0 呈水平。
$2 < x$ 時，$y' > 0$，斜率為正的左下右上
$1 < x < 2$ 時，$y' < 0$，斜率為負的左上右下
$x < 1$ 時，$y' > 0$，斜率為正的左下右上

如果用下表來表示，y' 的正負與增減會更加清楚。
把這些數值畫在圖上，就會變成 S 形。幾乎所有三次函數的圖形都是 S 形。

12

圖形

Q $y = 1/4x^4 - 1/2x^2$ 的圖形是？

A W 形的圖形，如下圖所示。

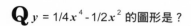 微分後可求出

$$y' = x^3 - x$$
$$= x(x^2 - 1)$$
$$= x(x+1)(x-1)$$

$x = -1$、0、1 時，$y' = 0$，斜率為 0 呈水平。

如果用下表來表示，y' 的正負與增減會更加清楚。

把這些數值畫在圖上，就會變成 W 形。幾乎所有四次函數的圖形都是 W 形。

Q 如何微分 $y = \sin x$ ？

A $y' = \cos x$

📦 微分 sin 就會得到 cos。這一點請先記住。

sin 曲線上各點的斜率，就是該點 x 的 cos。當 sin90°、sin270°時，微分後的
sin 值，也就是 cos90°、cos270°會變成 0，所以圖形在該點會呈水平。所以該點
就是波峰、波谷。圖形如下圖所示，就是著名的 S 形曲線。

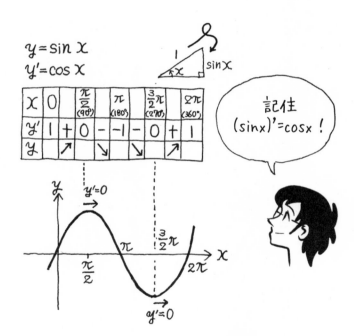

12

圖形

Q 如何微分 $y = \cos x$ ？

A $y' = -\sin x$

微分 cos 就會得到 $-\sin$，請注意前面有負號。

$x = 0$ 時，$y' = 0$，在 $x = \pi$ 以前，$y' < 0$。接近 y 軸的位置斜率為負，所以是左上右下的圖形。

cos 的圖形如下圖所示。sin 的圖形起自原點，但 cos 的圖形卻是從 $(0,1)$ 開始。

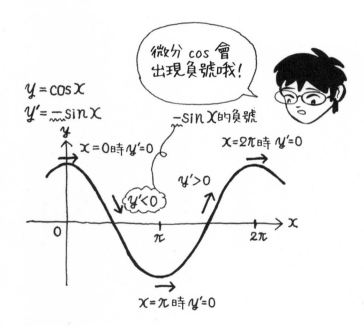

Q 如何微分 $y = \tan x$ ？

A $y' = 1/\cos^2 x$

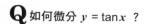 微分 tan 就會得到 cos 平方分之 1。

　　因為是平方，所以不會是負數。斜率永遠為正，所以是左下右上的圖形。

　　tan 的圖形如下圖所示，是左下右上的圖形。

$$y = \tan x$$

$$y' = \frac{1}{\cos^2 x}$$ ⇨ 因為是平方，所以不會是負數

永遠是左下右上 ↗

Q 1 高 y、寬 $\triangle x$ 的長方形，面積是多少？

　 2 高 y、寬 dx 的長方形，面積是多少？

A 1 長方形面積 = 長 × 寬 = $y \times \triangle x$

　 2 長方形面積 = 長 × 寬 = $y \times dx$

積分的基本就是長方形的面積。當 x 的變化量為 $\triangle x$，寬 $\triangle x$、高 y 時，面積就是 $y \times \triangle x$。

$\triangle x$ **是 x 的變化量**，而 dx **則是 x 的微小變化量**。是極小的變化量，此時因為長方形面積 = 長 × 寬，所以面積是 $y \times dx$。

把這個高 × 寬 = $y \times dx$ 的圖形牢牢記住吧！

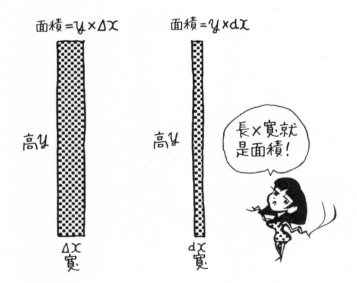

Q 1　高 3、寬 1 的長方形，高 4、寬 1 的長方形，高 5、寬 1 的長方形，三者面積合計是多少？

　2　如何把 Q1 的長方形面積和，寫成一般公式？

A 1　面積 =（高 × 寬）的和

　　　　 =（3×1）+（4×1）+（5×1）= 3 + 4 + 5 = 12

　2　面積 = Σ（$y \times \Delta x$）

高度會因 x 的位置而改變，所以用變數 y 來表示。假設長方形的高度為 y、寬為 Δx，各個長方形的面積可以用 $y \times \Delta x$ 求出。

Σ（Sigma）是表示總和的符號。加總 $y \times \Delta x$，就是 Σ（$y \times \Delta x$）。

面積 $= (3×1)+(4×1)+(5×1)=12$

⇩ 概括

面積 $= \sum (y × \Delta x)$

　　　　求總和　高　寬

12

圖形

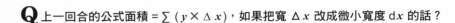

Q 上一回合的公式面積 = ∑ ($y \times \triangle x$)，如果把寬 $\triangle x$ 改成微小寬度 dx 的話？

A 面積 = $\int (y \times dx)$

⬢ ∑（Sigma）是表示加總不連續數值的符號。如果改成無限小的微小寬度 dx，
y 就變成連續變化的值。此時的加總就用積分（$\int$）來表示，而不是用 Sigma
（∑）。

$\int$ 是積分的符號。我們可以把積分想成是被切割成無限多個長方形的面積之加
總。

因為 y 有可能為負，所以正確來說應該是帶符號的面積。

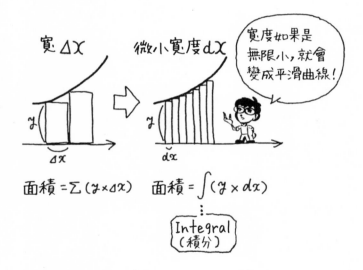

Q 1 $y = -1$ 到 $y = 3$ 的高度是多少？

2 $y = f(x)$ 的圖形為正時，距 x 軸的高度是？

3 $y = f(x)$ 的圖形為負時，距 x 軸的高度是？

4 $y = f(x) > y = g(x)$ 時，由 $g(x)$ 到 $f(x)$ 的高度是多少？

A 把 y 值想成是海拔高度，會比較簡單。x 軸就是海拔 $= 0$ 的位置。高度只要當成是海拔的差就可以算出來了。

1 高度 $= 3 - (-1) = 4$

2 高度 $= f(x) - 0 = f(x)$

3 高度 $= 0 - f(x) = -f(x)$

4 高度 $= f(x) - g(x)$

📦 積分就是高 × 寬的加總。此時把高度視為海拔的差來求出。只要記住這個方法，就很簡單了。

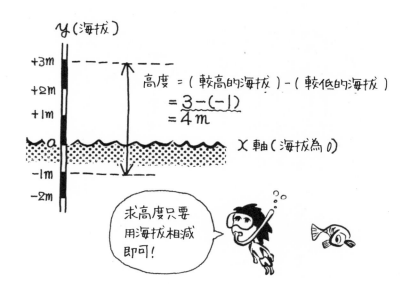

12

圖形

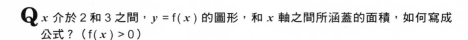

Q x 介於 2 和 3 之間，$y = f(x)$ 的圖形，和 x 軸之間所涵蓋的面積，如何寫成公式？（$f(x) > 0$）

A 面積 $= \int_2^3 f(x)\,\mathrm{d}x$

在 x 上的高度就是 $y = f(x)$。微小寬度 $\mathrm{d}x$ 的長方形面積為

長方形面積 ＝ 高 × 寬 ＝ $f(x) \times \mathrm{d}x$

加總 x 等於 2 ～ 3 的長方形面積時，就可以用上述的積分公式來表示。像這種明確指定在 2 ～ 3 之間的積分，就稱為**定積分**，區間不明確的積分則稱為**不定積分**。不定積分是定積分的前一步驟。

　　　定積分→面積
　　　不定積分→定積分的前一步驟

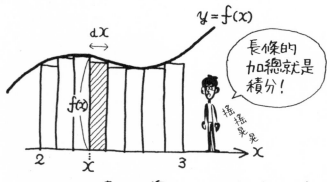

Q $\int (2x)\,\mathrm{d}x = \ ?$

A $x^2 + C$（C 為常數）

📦 積分的計算正好和微分相反。即使不記得積分的公式，只要列出一個微分後會還原的公式即可。

微分 x^2 等於 $2x$，而常數微分的結果為 0。所以微分後會等於 $2x$ 的公式，就是 $x^2 + C$。

積分完成請務必確認這個結果在微分後會還原。

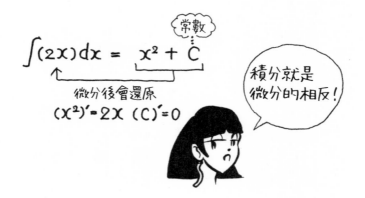

12

圖形

Q $\int (x^2 + x + 1)\,dx = \ ?$

A $1/3x^3 + 1/2x^2 + x + C$

x 平方的積分，首先先把平方加 1 變成立方。接著再除以 3，成為 $1/3x^3$。微分和積分相反，微分 $1/3x^3$ 就是把 3 搬到前面，立方變成平方，所以是 x^2。

所以只要積分了一個數值，就一定要用微分驗算。計算積分時只要想著微分，就不必一定要記住積分的公式。

積分 x 首先要增加一次方，成為平方。接著再除以 2，成為 $1/2x^2$。因為微分 $1/2x^2$ 會變成 x，所以是 OK 的。

1 的積分則是 x。微分 x 會變成 1，剛好相反。

順道一提的是，還要加上 C。微分常數會變成 0，所以 C 可以是 1、2、3。C 不論是哪一個常數，微分後都是 0，等於原本的數值。

把以上全部相加，就得到 $1/3x^3 + 1/2x^2 + x + C$。

Q $\int_1^2 x^2 dx = ?$

A 7/3

🔲 首先將積分的公式，放進 [ ] 中。

$$= [1/3x^3]_1^2$$

其次用 x 代入 2 所得的結果，減去 x 代入 1 所得的結果，就能求出定積分的值。代入 2 的值，代表 0～2 的圖形與 x 軸之間所涵蓋的面積，代入 1 的值，則代表 0～1 的面積。兩者相減即可求出 1～2 的面積。

$$= (1/3 \cdot 2^3) - (1/3 \cdot 1^3)$$
$$= 8/3 - 1/3$$
$$= 7/3$$

代入數值時，可以像上面一樣，先算出公式結果再相減，也可以像下面一樣，先把 x 的部分相減再求結果，這樣可以省去一些計算的麻煩。

$$= 1/3(2^3 - 1^3)$$
$$= 1/3(8-1)$$
$$= 7/3$$

$$\int_1^2 x^2\,dx$$

[ ]內微分後可還原

$$= \left[\frac{1}{3}x^3\right]_1^2$$

$$= \left(\frac{1}{3}\cdot 2^3\right) - \left(\frac{1}{3}\cdot 1^3\right)$$

$$= \frac{8}{3} - \frac{1}{3}$$

$$= \frac{7}{3}$$

$$= \frac{1}{3}(2^3 - 1^3)$$

$$= \frac{1}{3}(8-1)$$

$$= \frac{7}{3}$$

兩種算法都可以…

這種比較簡單！

12

圖形

Q $\int_1^2 (x^2 + 1)dx = $?

A 10/3

 首先將積分的公式，放進 [　] 中。此時不用加上 C。因為定積分相減，C-C 等於 0。

$$= [1/3 x^3 + x]_1^2$$

其次在 x^3 和 x 的部分，各自代入 2、1 並相減。

$$= 1/3(2^3 - 1^3) + (2 - 1)$$
$$= 7/3 + 1$$
$$= 10/3$$

這就表示拋物線 $y = x^2 + 1$ 在 x 介於 1 到 2 之間時，和 x 軸間所涵蓋的面積。因為這就是將距離 x 軸高度為 $y = x^2 + 1$ 的圖形和微小寬度 dx 相乘後的面積，由 $x = 1$ 加總到 $x = 2$ 的結果。

Q x 介於 0 和 1 之間，$y = x^2$ 和 $y = x - 1$ 所涵蓋的面積是多少？

A 5/6

📦 x 介於 0 和 1 之間時，$y = x^2$ 的圖形在上方。如果把它想成是如下圖的瘦高長方形，長就可以用高度差來計算。各點的高度分別是 $y = x^2$ 和 $y = x - 1$，只要把這兩者相減即可。

高度 $= x^2 - (x - 1) = x^2 - x + 1$

而瘦高長方形的面積就是高 × 微小寬度 dx，所以

瘦高長方形的面積 $= (x^2 - x + 1) \times dx$

要算出面積只要加總 0 到 1 的區間面積即可，所以可寫成以下的定積分公式。

$$
\begin{aligned}
面積 &= \int_0^1 (x^2 - x + 1)\, dx \\
&= [1/3\,x^3 - 1/2\,x^2 + x]_0^1 \\
&= 1/3\,(1^3 - 0^3) - 1/2\,(1^2 - 0^2) + (1 - 0) \\
&= 1/3 - 1/2 + 1 \\
&= 5/6
\end{aligned}
$$

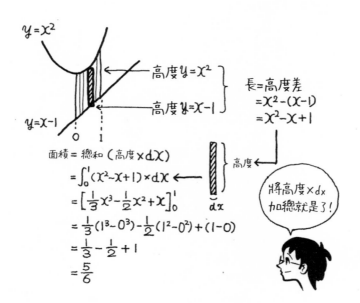

$\mathbf{Q}$ 底圓半徑為 r，高為 h 的圓錐，其體積是多少？

$\mathbf{A}$ $1/3\pi r^2 h$

🧊 圓錐的體積就是 1/3× 底圓面積 × 高，所以

　　　圓錐體積 = 1/3×（πr^2）×h = $1/3\pi r^2 h$

我們要用積分求出這個公式。如下圖所示，將圓錐放平，求頂點到 x 點的半徑，因為斜率為 r/h，所以

　　　位於 x 點的半徑 = r/h・x

而 x 點的圓面積則為

　　　x 點的圓面積 = 圓周率 ×（半徑）^{2} = π（r/h・x）^{2}

將此圓面積乘上微小寬度 dx，就是寬 dx 的圓盤的體積。

　　　寬 dx 的圓盤體積 = π（r/h・x）^{2}×dx

將此圓盤自 0 疊到 h，就是圓錐的體積。這就可以利用由 0 到 h 的定積分來求出。

$$圓錐體積 = \int_0^h (r/h \cdot x)^2 \times dx$$
$$= \pi(r/h)^2 \int_0^h x^2\,dx = \pi r^2/h^2\,[1/3\,x^3]_0^h$$
$$= \pi r^2/h^2 \cdot 1/3 \cdot h^3 = 1/3\pi r^2 h$$

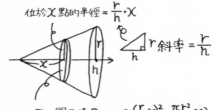

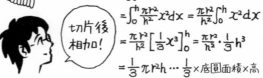

Q 上一回合中，假設 x 點的面積公式為 $S(x)$，則 $S(x)$ 與體積有什麼關係？

A $y = S(x)$ 與 x 軸之間所涵蓋的面積，就是體積。

📦 $S(x)$ 為在 x 地點的高度，再乘上微小寬度 dx，就是瘦高長方形的面積。

　　瘦高長方形面積 = 高 × 微小寬度 = $S(x) \times dx$

加總 0 到 h 的面積就是全體的體積。

　　全體體積 = 由 0 到 h 加總 $(S(x) \times dx)$ 的面積 = $\int_0^h S(x)\,dx$

下圖中瘦高長方形面積 = $S(x) \times dx$，相當於在 x 點非常薄的圓盤體積。加總這些圓盤就是圓錐。這就相當於圖形上由 0 到 h 的體積。

積分原則上就是圖形和 x 軸之間所涵蓋的面積。我們可以用切成無限多個的瘦高長方形的加總，求出這個涵蓋面積。而這裡只不過是這些瘦高長方形面積的總合，相當於圓盤體積而已。

高度的面積公式是 $S(x)$，再乘上寬度 dx 後，得到的自然是切成薄片的體積。高度的公式會因其代表的內容不同，而改變長方形面積的含義，不過並不會改變積分就是圖形面積的事實。

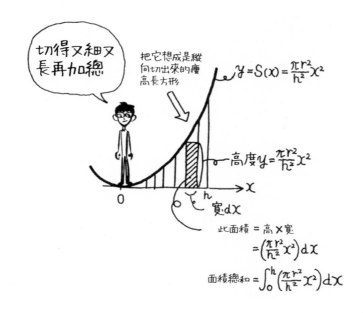

國家圖書館出版品預行編目資料

建築的數學.物理教室 / 原口秀昭著；李貞慧
譯. -- 初版. -- 臺北市：積木文化出版：家庭傳
媒城邦分公司發行, 民102.05
　　面；　公分
ISBN 978-986-5865-14-6(平裝)
1.工程數學 2.建築物理學

440.11　　　　　　　　　102007297

VX0026

圖解建築的數學‧物理教室

原 書 名	ゼロからはじめる建築の「数学・物理」教室
著　　者	原口秀昭
譯　　者	李貞慧
責任編輯	魏嘉儀
主　　編	洪淑暖
發 行 人	涂玉雲
總 編 輯	王秀婷
版　　權	向艷宇
行銷業務	黃明雪、陳志峰

出　　版　　積木文化
　　　　　　104台北市民生東路二段141號5樓
　　　　　　電話：(02) 2500-7696｜傳真：(02) 2500-1953
　　　　　　官方部落格：www.cubepress.com.tw
　　　　　　讀者服務信箱：service_cube@hmg.com.tw
發　　行　　英屬蓋曼群島商家庭傳媒股份有限公司城邦分公司
　　　　　　台北市民生東路二段141號2樓
　　　　　　讀者服務專線：(02)25007718-9｜24小時傳真專線：(02)25001990-1
　　　　　　服務時間：週一至週五09:00-12:00、13:30-17:00
　　　　　　郵撥：19863813｜戶名：書虫股份有限公司
　　　　　　網站：城邦讀書花園｜網址：www.cite.com.tw
香港發行所　城邦（香港）出版集團有限公司
　　　　　　香港灣仔駱克道193號東超商業中心1樓
　　　　　　電話：+852-25086231｜傳真：+852-25789337
　　　　　　電子信箱：hkcite@biznetvigator.com
馬新發行所　城邦（馬新）出版集團 Cite（M）Sdn Bhd
　　　　　　41, Jalan Radin Anum, Bandar Baru Sri Petaling, 57000 Kuala Lumpur, Malaysia.
　　　　　　電話：(603) 90578822｜傳真：(603) 90576622
　　　　　　電子信箱：cite@cite.com.my

封面設計	唐壽南
內頁排版	優克居有限公司
製版印刷	中原造像股份有限公司

城邦讀書花園
www.cite.com.tw

ZERO KARA HAJIMERU KENCHIKU NO "SUUGAKU/BUTSURI" KYOUSHITSU by Hideaki
Haraguchi
Copyright © 2006 Hideaki Haraguchi
All Rights Reserved.
Original Japanese edition published in 2006 by SHOKOKUSHA Publishing Co., Ltd.
Complex Chinese Character translation rights arranged with SHOKOKUSHA Publishing Co., Ltd.
through Owls Agency Inc., Tokyo.

2013年（民102）5月2日　初版一刷　　　　　　　　Printed in Taiwan.
售　價／NT$300
ISBN 978-986-5865-14-6
版權所有‧翻印必究

積木文化

104 台北市民生東路二段141號2樓

英屬蓋曼群島商家庭傳媒股份有限公司　城邦分公司

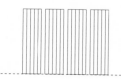

請沿虛線對摺裝訂，謝謝！

部落格　**CubeBlog**
　　　　cubepress.com.tw

臉　書　**CubeZests**
　　　　facebook.com/CubeZests

電子書　**CubeBooks**
　　　　cubepress.com.tw/books

積木生活實驗室

部落格、facebook、手機app
隨時隨地，無時無刻。

積木文化　讀者回函卡

積木以創建生活美學、為生活注入鮮活能量為主要出版精神。出版內容及形式著重文化和視覺交融的豐富性，出版品項囊括健康與心靈、占星研究、藝術設計、時尚文化、珍藏鑑賞、品飲食譜、手工藝、繪畫學習等主題，為了提升出版品質，更了解您的需要，請填下您的寶貴意見並將本卡寄回（免付郵資），我們將不定期於積木書目網更新最新的出版與活動資訊。

1.購買書名：＿＿＿＿＿＿＿＿＿＿＿＿＿＿＿＿＿＿＿＿＿＿＿＿＿＿＿＿

2.購買地點：

　□書店，店名：＿＿＿＿＿＿，地點：＿＿＿＿＿縣市　□書展　□郵購

　□網路書店，店名：＿＿＿＿＿　□其他＿＿＿＿＿＿＿＿＿＿＿＿＿＿

3.您從何處得知本書出版？

　□書店　□報紙雜誌　□DM書訊　□廣播電視　□朋友　□網路書訊　□其他＿＿＿＿＿

4.您對本書的評價（請填代號 1 非常滿意　2 滿意　3 尚可　4 再改進）

　書名＿＿＿＿　內容＿＿＿＿　封面設計＿＿＿＿　版面編排＿＿＿＿　實用性＿＿＿＿

5.您購買本書的主要原因(可複選)：□主題　□設計　□內容　□有實際需求　□收藏

　□其他＿＿＿＿＿＿＿＿＿＿＿＿＿＿＿＿＿＿＿＿＿＿＿＿＿＿＿＿＿

6.您購書時的主要考量因素：（請依偏好程度填入代號1～7）

　作者＿＿＿＿　主題＿＿＿＿　口碑＿＿＿＿　出版社＿＿＿＿　價格＿＿＿＿　實用＿＿＿＿　其他＿＿＿＿

7.您習慣以何種方式購書？

　□書店　□劃撥　□書展　□網路書店　□量販店　□其他＿＿＿＿＿＿＿＿＿＿＿

8.您偏好的叢書主題：

　□品飲（酒、茶、咖啡）　□料理食譜　□藝術設計　□時尚流行　□健康養生

　□繪畫學習　□手工藝創作　□蒐藏鑑賞　□建築　□科普語文　□其他＿＿＿＿＿＿＿＿＿

9.您對我們的建議：

＿＿＿＿＿＿＿＿＿＿＿＿＿＿＿＿＿＿＿＿＿＿＿＿＿＿＿＿＿＿＿＿＿＿＿＿＿

＿＿＿＿＿＿＿＿＿＿＿＿＿＿＿＿＿＿＿＿＿＿＿＿＿＿＿＿＿＿＿＿＿＿＿＿＿

10.讀者資料 (以下資料僅作為積木文化分析讀者群需求用)

・性別：□男　□女

・居住地：□北部　□中部　□南部　□東部　□離島　□國外地區

・年齡：□15歲以下　□15-20歲　□20-30歲　□30-40歲　□40-50歲　□50歲以上

・教育程度：□碩士及以上　　□大專　　□高中　　□國中及以下

・職業：□學生　　□軍警　　□公教　　□資訊業　　□金融業　　□大眾傳播　　□服務業

　□自由業　　□銷售業　　□製造業　　□家管　　□其他＿＿＿＿＿＿＿＿＿＿＿＿

・月收入：□20,000以下　□20,000-40,000　□40,000-60,000　□60,000-80000　□80,000以上